中国高校"十二五"环境艺术
精品课程规划教材

AUTOCAD
+3ds Max

工程制图、室内外表现及建筑动画
完全教程

陈国俊 / 主编

梁世伟 / 副主编

张裕钊 冯磊 / 参编

中国青年出版社
CHINA YOUTH PRESS

FOREWORD
前言

经过二十多年的飞速发展，环境艺术设计方面的数字图像表现技术在我国已经十分成熟，已经由早期的"技术"层面提升到"艺术"层面。CG已经成为了当代艺术设计中不可缺少的表现形式与方法，同时也成为了当代环境艺术设计专业教学中不可缺少的课程之一。

事实证明，无论是高校的数字图像设计专业课堂教学，还是数字图像设计产业培训与应用，如果照本宣科，单一地学习一些电脑软件技法，而缺乏实际项目案例与多种软件的整合训练，必将造成"看着书就会，离开书就瞎；局部技巧凑合，系统运用混乱"的现象，严重影响学生的学习质量。因此，我们依据当前高校环境艺术设计专业CG课程教学的现状与需要，力图编创一本以实践项目案例为指导的、多种软件技法相结合的、综合性的教材。

经过近两年的努力，我们将AutoCAD、3ds Max、VRay、Photoshop、Fusion、After Effects等软件贯穿在各个实际案例中，系统地讲解了AutoCAD的绘制、3ds Max建模、室内效果图表现、建筑效果图表现、Photoshop后期处理、建筑动画制作流程以及镜头画面解析全过程。

编者摒弃了以电脑命令技法为中心的单一性讲解模式，针对高校教学的实际需求，紧密结合市场的实际项目，精选适用型案例，着重专业知识和电脑表现流程的系统性结合，建立起多种软件的综合应用和高效表现的方式，由浅入深，通俗易懂，使学生在短期内就能熟练掌握艺术设计专业所需的一系列数字表现技法。

本教材汇集了高校专业教师的教学经验与CG艺术产业精英的实践智慧，经受了多年课堂教学及市场实践的检验，其特点在于"技法综合、内容丰富，讲述简洁、案例实用"，它不仅适用于高校学生，同时还适合作为CG艺术产业培训与应用的高效速成教材。

看到该教材即将出版，回忆起近两年的编撰工作，使我想起在本教材编写过程中给予我帮助的朋友：潘立立、杨户辉、刘婷婷、杨彦、殷畅、方瑶、宋笛、唐韬；想起为本教材友情提供项目案例的武汉市锐意先行数字科技有限公司，一个锐意进取的团队；想起中国青年出版社两位编辑的支持，对文稿的加工、编选插图与出版校对的辛苦工作，在此对他们表示诚挚的谢意！

由于作者水平有限，本书在编写中难免会有不妥之处，恳请广大读者批评指正。

作 者
2012 年 4 月

目录

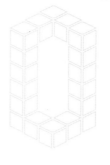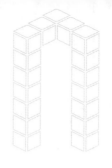

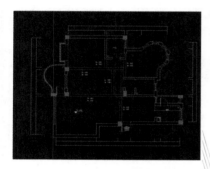

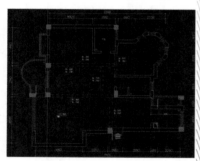

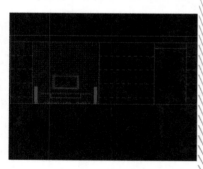

PART 01 AutoCAD快速表现技法

Chapter 01 AutoCAD 概述

Chapter 02 绘制室内设计方案

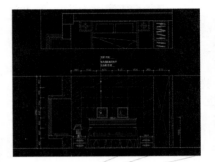

PART02 3ds Max室内设计速成技法

Chapter 03 室内建模常用命令和技巧

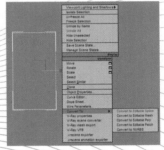

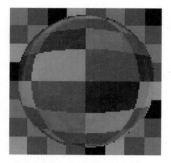

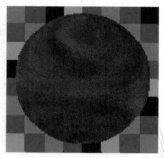

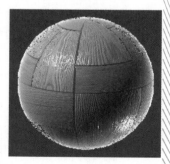

Chapter 04　VRay 渲染器及材质设置

Chapter 05　常用灯光类型和运用技巧

Chapter 06   3ds Max 室内设计高级案例

PART 03   3ds Max建筑表现速成技法

Chapter 07   创建建筑模型

Chapter 08   公共建筑——日景表现

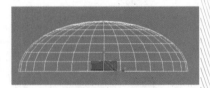

Chapter 09　别墅表现

PART 04　3ds Max建筑动画速成技法

Chapter 10　建筑动画脚本的写作和场景管理

Chapter 11 建筑动画分镜头制作

Chapter 12 建筑动画的渲染、输出和后期合成

AutoCAD
快速表现技法

PART 01

AutoCAD是由美国Autodesk公司开发的一款面向大众的计算机辅助设计软件，是当今非常优秀的计算机辅助设计软件之一，它应用范围广且拥有众多的用户群，无论是普通用户还是高端用户，都可以使用AutoCAD来为自己的设计工作服务。

📍 知识点

本章重点向读者讲解 AutoCAD 的常用操作设置、常用绘图尺寸、常用绘图命令、修改命令等基础命令的使用方法以及在不同领域的应用。

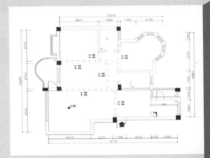

CHAPTER 01

AutoCAD概述

AutoCAD 是通用的辅助设计软件中的代表，它广泛应用于建筑装潢设计、园林设计、电子电路设计、机械设计、服装设计等诸多领域。

📍 **知识点**

本章重点向读者讲解 AutoCAD 的常用参数设置、绘图尺寸、绘图命令、绘图工具、修改命令等基础操作方法以及它在不同领域的应用。

1.1 AutoCAD 操作设置

设置 AutoCAD 的操作习惯有利于用户加快绘图的速度，提高工作效率。下面介绍一下工作中常用的操作习惯设置，图 1-1 是 AutoCAD 的软件操作界面。

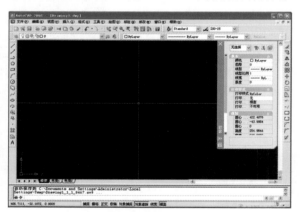

图 1-1

1.1.1 常用操作习惯设置

01 启动 AutoCAD 软件。在操作窗口中执行"工具 / 选项"菜单命令，如图 1-2 所示。在弹出的"选项"对话框中，将"显示"选项卡中十字光标的大小值调为 100，如图 1-3 所示。

图 1-2

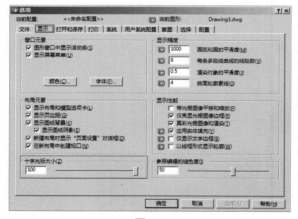

图 1-3

02 在"用户系统配置"选项卡中，勾选"绘图区域中使用快捷菜单"复选框，用鼠标单击"自定义右键单击"按钮，步骤提示如图 1-4 所示。

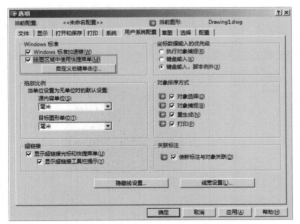

图 1-4

03 在弹出的"自定义右键单击"对话框中，在"默认模式"区单击"重复上一个命令"单选按钮，在"编辑模式"区单击"重复上一个命令"单选按钮，在"命令模式"区选择"确认"单选按钮，然后单击"应用并关闭"按钮，步骤提示如图 1-5 所示。

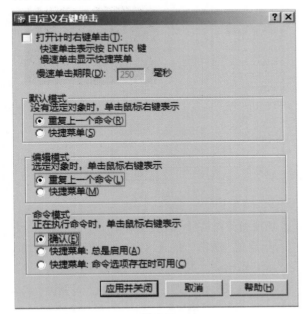

图 1-5

04 在 AutoCAD 软件界面窗口的左下角用鼠标右键

单击"对象捕捉"按钮，选择"设置"命令，弹出"草图设置"对话框，切换到"对象捕捉"选项卡，单击"全部选择"按钮，再单击"确定"按钮，将操作时的对象捕捉设置完毕，如图 1-6 所示。

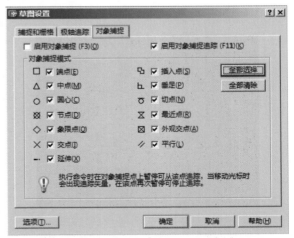

图 1-6

1.1.2 绘图区基本的设置

启动 AutoCAD，新建文件设置绘图区的大小。执行 Line（直线）命令，绘制一条 2400mm 的直线。这条直线在绘图区所显示的比例较大，不便于绘制整个户型图。可以通过设置绘图区的方法，让绘制的 2400mm 的直线在绘图区所显示的比例缩小到我们方便绘制的程度。

在命令窗口中输入"limits"后按空格，用鼠标分别在绘图区的左下角和右上角各单击一次。在命令行中输入字母"Z"再按空格，输入字母"A"再按空格，再滚动鼠标滚轮，将直线缩放到最短。将滚动鼠标这个步骤操作重复 4~5 次，当直线在绘图区缩小为一个点时，绘图区的基本设置完成。

1.1.3 图形标注的设置方法

在设置完绘图区域后，直接打开一个已完成的图形文件，通过观察发现图形的尺寸标注都看不清楚，如图 1-7 和图 1-8 所示。因此在绘制之前要先对图形标注进行设置。

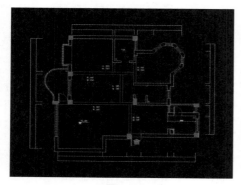

图 1-7

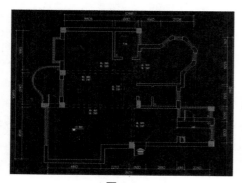

图 1-8

01 执行"文件 / 打开"菜单命令或者按 Ctrl+O 快捷键打开已选文件，弹出"选择文件"对话框，在"搜索"下拉列表框中查找需要打开文件，然后选中这个文件，可以在 AutoCAD 绘图区看到已完成的图形，最后左键单击"打开"按钮，如图 1-9 所示。

图 1-9

02 在绘图区中的图形标注数字字号很小，不方便我们进行观察和绘制，因此在命令行中输入"D"按空格键，会弹出"标注样式管理器"对话框，在这个对话框中"单击"修改"按钮，如图 1-10 所示的步骤提示。

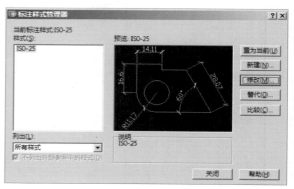

图 1-10

03 在弹出的"修改标注样式 ISO-25"对话框中，切换到"文字"选项卡，将该选项卡中的"文字高度"值调为 150，"文字颜色"值调为 135，如图 1-11 所示。

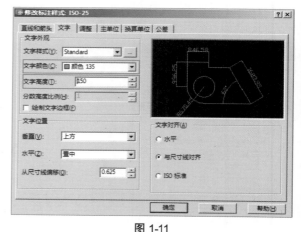

图 1-11

04 切换到该对话框"直线和箭头"选项卡，将"尺寸线"区的"颜色"数值调为 135；将"尺寸界线"区的颜色数值调为 135，再把"箭头"区的"第一个"设置为"建筑标记"选项，将"引线"设置为"点"选项，随后单击"确定"按钮，如图 1-12 所示。之后会返回到"标注样式管理器"对话框，再依次单击"置为当前"和"关闭"按钮，标注设置完毕，如图 1-13 所示。

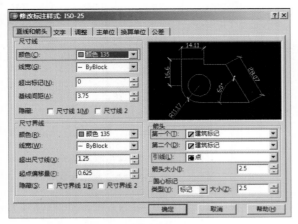

图 1-12

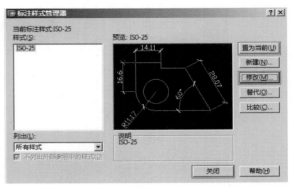

图 1-13

1.2 AutoCAD 常用绘图尺寸

生活中，我们的装饰装潢设计都是以人体工程学为依据的，"舒适度"和"人性化"是设计的基本准则。下面就将一些常用的人体工程学统计数据归纳如下，如表 1-1 所示（以下尺寸为常用尺寸，仅作参考，特殊情况除外，读者可依据实际情况而定）。

表 1-1

项目		尺寸（单位：mm）
墙	墙体厚度	240
	木质踢脚线	65~80
	挂镜线高	1600~1800（画面中心距地面高度）
	墙裙高度	800~1500
	层高	2650~2800
门	普通室内门	宽度：850~1000 高度：2000~2050
	推拉门	宽度：750~1500 高度：1900~2400
	卫生间门、厨房门	宽度：800~900 高度：1900~2100
	防盗门	单开 宽度：960 高度：2100
		双开 宽度：1200 高度：2200

项目		尺寸（单位：mm）
窗户	窗户	距地面：900 窗高：1470 距顶：约300
	飘窗（塑钢窗）	进深：550~600 距地面：600 窗高：1800 距顶：300（按实际工程设置）
座椅沙发	普通椅子	坐高：400~450
	沙发	单人 坐高：350~420 长度：800~950 背高：700~900 宽度：800~900
		双人 坐高：350~420 长度：1260~1500 背高：700~900 宽度：1600~1800
		三人 坐高：350~420 长度：1750~1960 背高：700~900 宽度：2400~2700
		四人 坐高：350~420 长度：1320~2520 背高：700~900 宽度：3200~3600

项目		尺寸 (单位: mm)
桌子茶几类	餐桌	高度: 750~780
	书桌	长度: 600~850 宽度: 730~780
	茶几	小型 高度: 380~500 (380最佳) 长度: 600~750 宽度: 450~600
		中型 长度: 750~1350 宽度: 380~500 高度: 430~500
		大型 长度: 150~1800 宽度: 600~800 高度: 330~420 (330最佳)
柜橱类	衣柜	衣柜 深度: 600~650 宽度: 400~650

项目		尺寸 (单位: mm)
		衣柜 (带推拉门) 深度: 600~650 宽度: 700
	电视柜	深度: 450~600
床	单人床	宽度: 750~1200 长度: 1800~2100
	双人床	宽度: 1350~2200 长度: 2000~2200
过道	餐桌间距	应大于500 (其中座椅占500)
	主通道宽	1200~1300
卫生间	坐便	750 × 350
	冲洗器	690 × 350
	盥洗盆	550 × 410
	浴缸	长:1520或1680 (一般尺寸) 宽: 720 高: 450

1.3 AutoCAD 常用绘图命令

AutoCAD 中常用绘图命令和修改命令如表 1-2 所示。

表 1-2

绘图常用命令	快捷键	修改常用命令	快捷键
POINT (点)	PO	COPY (复制)	CO
LINE (直线)	L	MIRROR (镜像)	MI
XLINE (构造线)	XL	ARRAY (陈列)	AR
PLINE (多段线)	PL	OFFSET (偏移)	O
MLINE (多线)	ML	ROTATE (旋转)	RO
SPLINE (样条曲线)	SPL	MOVE (移动)	M
POLYGON (正多边形)	POL	EXPLODE (分解)	X
RECTANGLE (矩形)	REC	MATCHPROP (格式刷)	MA

绘图常用命令	快捷键	修改常用命令	快捷键
CIRCLE (圆)	C	TRIM (修剪)	TR
ARC (圆弧)	A	EXTEND (延伸)	EX
DONUT (圆环)	DO	STERTCH (拉伸)	S
ELLIPSE (椭圆)	EL	LENGTHEN (拉长)	LEN
REGION (面域)	REG	SCALE (缩放)	SC
BHATCH (填充)	H	BREAK (打断)	BR
WBLOCK (定义块文件)	W	CHAMFER (倒角)	CHA
MTEXT (多行文体)	MT	FILLET (倒圆角)	F
INSERT (插入块)	I	PEDIT (编辑多段线)	PE
		ERASE (删除)	E

1.4 AutoCAD 常用绘图工具使用

绘图工具在 AutoCAD 中实际上就是绘图命令。熟练掌握这些绘图命令，可以大大提高我们的工作效率。

01 · **POINT（点）**

POINT（点）是最基本的二维图形元素，也是用途非常广泛的基本图形元素。在二维图形中，点的外形可以多种多样。如下是在 AutoCAD 中执行 POINT（点）命令的方法。

（1）在命令窗口中输入"PO（点）"命令并按空格键。

（2）执行"绘图 / 点 / 单点（或多点、定数等分、定距等分）"菜单命令。

（3）在窗口右边"绘图"工具栏中单击 ·（点）按钮。

02 ╱ **LINE（直线）**

Line（直线）命令用于绘制直线，是最常用的命令之一。直线也是基本图形中最常用的图形之一，在 AutoCAD 中，执行 LINE（直线）命令方法如下。

（1）在命令提示行中输入"L（LINE）"命令并按空格键。

（2）在菜单栏中执行"绘图 / 直线"命令。

（3）在窗口左边"绘图"工具栏中单击 ╱（直线）按钮。

03 ╱ **XLINE（构造线）**

XLINE（构造线）是一种从指定点起向两个方向无限延长的射线。在 AutoCAD 中，执行 XLINE（构造线）命令的方法如下。

（1）在命令窗口中输入"XL（LINE）"命令并按空格键。

（2）在菜单栏中执行"绘图 / 构造线"命令。

（3）在窗口左边"绘图"工具栏中单击 ╱（构造线）按钮。

04 ⇥ **PLINE（多段线）**

PLINE（多段线）是由可变宽度的直线段和圆弧相互连接而形成的复杂图形元素。在 AutoCAD 中，执行 PLINE（多段线）命令的方法如下。

（1）在命令窗口中输入"PL（PLINE）"命令并按空格键。

（2）在菜单栏中执行"绘图 / 多段线"命令。

（3）在窗口左边"绘图"工具栏中单击 ⇥（多段线）按钮。

05 ∅ **MLINE（多线）**

AutoCAD 将由多条平行线组成的图形对象称为多重线，简称多线。在 AutoCAD 中，执行 MLINE（多线）命令的方法如下。

（1）在命令提示行中输入"ML（MLINE）"命令后按空格键。

（2）在菜单栏中执行"绘图 / 多线"菜单命令。

06 ∼ **SPLINE（样条曲线）**

在工程应用中不能用标准的数学方程式来加以描绘，而只有一些已测得的数据点，需要通过拟合数据点的办法绘制出相应的曲线，这种类型的曲线称为样条曲线。在 AutoCAD 中，执行 SPLINE（样条曲线）命令的方法如下。

（1）在命令窗口中输入"SPL（SPLINE）"命令并按空格键。

（2）在菜单栏中执行"绘图 / 样条曲线"菜单命令。

（3）在窗口左边"绘图"工具栏中单击 ∼（样条曲线）按钮。

07 ⬠ **POLYGON（正多边形）**

POLYGON（正多边形）命令用于绘制正多边形，正多边形的边数可在 3~1024 之间选取。在 AutoCAD 中，执行 POLYGON（正多边形）命令的方法如下。

（1）在命令窗口中输入"POL（POLYGON）"命令并按空格键。

（2）在菜单栏中执行"绘图 / 正多边形"菜单命令。

（3）在窗口左边绘图"工具栏中单击 ⬠（正多边形）按钮。

08 ▢ **RECTANG（矩形）**

RECTANG（矩形）命令在 AutoCAD 绘图中运用比较广泛，也是基本的图形之一。在 AutoCAD 中，执行 RECTANG（矩形）命令方法如下。

（1）在命令窗口中输入"REC（RECTANG）"命令并按空格键。

(2) 在菜单栏中执行"绘图 / 矩形"菜单命令。

(3) 在窗口左边"绘图"工具栏中单击▭（矩形）按钮。

09 ⊙ **CIRCLE（圆）**

CIRCLE（圆）命令在 AutoCAD 绘图中也是基本图形之一。在 AutoCAD 中，执行 CIRCLE（圆）命令方法如下。

(1) 在命令窗口中输入"C（CIRCLE）"命令并按空格键。

(2) 在菜单栏中执行"绘图 / 圆"菜单命令。

(3) 在窗口左边"绘图"工具栏中单击⊙（圆）按钮。

10 DONUT（圆环）

DONUT（圆环）命令也是基本的图形之一。在 AutoCAD 中，执行 DONUT（圆环）命令方法如下。

(1) 在命令窗口中输入"DO（DONUT）"命令并按空格键。

(2) 在菜单栏中执行"绘图 / 圆环"菜单命令。

11 ⌒ **ARC（圆弧）**

ARC（圆弧）是圆的一部分。在 AutoCAD 中，执行 ARC（圆弧）命令方法如下。

(1) 在命令窗口中输入"A（ARC）"命令并按空格键。

(2) 在菜单栏中执行"绘图 / 圆弧"菜单命令。

(3) 在窗口左边"绘图"工具栏中单击⌒（圆弧）按钮。

12 ⬭ **ELLIPSE（椭圆）**

ELLIPSE（椭圆）也是圆的一部分，是比较常用的基本图形。在 AutoCAD 中，执行 ELLIPSE（椭圆）命令方法如下。

(1) 在命令窗口中输入"EL（ELLIPSE）"命令并按

空格键。

(2) 在菜单栏中执行"绘图 / 椭圆"菜单命令。

(3) 在窗口左边"绘图"工具栏中单击⬭（椭圆）按钮。

13 ▣ **REGION（面域）**

RSGION（面域）是比较常用的基本图形。在 AutoCAD 中，执行 REGION（面域）命令方法如下。

(1) 在命令窗口中输入"REG（REGION）"命令并按空格键。

(2) 在菜单栏中执行"绘图 / 面域"菜单命令。

(3) 在窗口左边"绘图"工具栏中单击▣（面域）按钮。

14 ▦ **HATCH（填充）**

HATCH（填充）是比较常用的绘图命令之一，使指定对象快速填充所需要的图案。在 AutoCAD 中，执行 HATCH（填充）命令方法如下。

(1) 在命令窗口中输入"H（HATCH）"命令并按空格键。

(2) 在菜单栏中执行"绘图 / 填充"菜单命令。

(3) 在窗口左边"绘图"工具栏中单击▦（填充）按钮。

15 ▣ **BLOCK（块定义）**

BLOCK（块定义）命令可用于组合一个复杂的图形对象。在 AutoCAD 中，执行 BLOCK（块定义）命令的方法如下。

(1) 在命令窗口中输入 B（BLOCK）命令并按空格键。

(2) 在菜单栏中执行"绘图 / 块定义"菜单命令。

(3) 在窗口左边"绘图"工具栏中单击▣（块定义）按钮。

1.5 AutoCAD 常用修改命令

下面介绍下 AutoCAD 常用地修改命令，方便大家记忆。

01 ⬚ **COPY（复制）**

COPY（复制）命令用于复制所选定的图形对象到指定的位置，而原对象不受任何影响。在 AutoCAD 中，执行 COPY（复制）命令的方法如下。

(1) 在命令窗口中输入"CO（COPY）"命令并按空格键。

(2) 在菜单栏中执行"修改 / 复制"菜单命令。

(3) 在窗口右边"修改"工具栏中单击⬚（复制）按钮。

02 ⚏ **MIRROR（镜像）**

MIRROR（镜像）命令用于对所选定的图形对象进行对称（镜像）操作。在 AutoCAD 中，执行 MIRROR（镜像）命令的方法如下。

(1) 在命令窗口中输入"MI（MIRROR）"命令并按空格键。

③ 器 ARRAY（阵列）

ARRAY（阵列）命令用于对图形做有规律的多重复制，从而可以建立一个"矩形"或者"环形"阵列。在AutoCAD中，执行Array（阵列）命令的方法如下。

(1) 在命令窗口中输入"AR（ARRAY）"命令并按空格键。

(2) 在菜单栏中执行"修改/阵列"菜单命令。

(3) 在窗口右边"修改"工具栏中单击器（阵列）按钮。

④ ⬤ OFFSET（偏移）

OFFSET（偏移）命令用于从指定的对象或者通过指定的点来建立等距偏移。在AutoCAD中，执行OFFSET（偏移）命令的方法如下。

(1) 在命令提示行中输入字母"O（OFFSET）"命令并按空格键。

(2) 在菜单栏中执行"修改/偏移"菜单命令。

(3) 在窗口右边"修改"工具栏中单击⬤（偏移）按钮。

⑤ ⟳ ROTATE（旋转）

ROTATE（旋转）命令用于将选定的图形围绕一个指定的基本点进行旋转，正值的角度按逆时针方向旋转对象，负值的角度按顺时针方向旋转对象。在AutoCAD中，执行ROTATE（旋转）命令方法如下。

(1) 在命令提示行中输入"RO（ROTATE）"命令并按空格键。

(2) 在菜单栏中执行"修改/移动"菜单命令。

(3) 在窗口右边"修改"工具栏中单击⟳（旋转）按钮。

⑥ ✛ MOVE（移动）

MOVE（移动）命令用于将选定的图形对象从当前位置平移到一个新的指定的位置，而不改变对象的大小和方向。在AutoCAD中，执行MOVE（移动）命令方法如下。

(1) 在命令窗口中输入"M（移动）"命令并按空格键。

(2) 在菜单栏中执行"修改/移动"菜单命令。

(3) 在窗口右边"修改"工具栏中单击✛（移动）

(2) 在菜单栏中执行"修改/镜像"菜单命令。

(3) 在窗口右边"修改"工具栏中单击⚎（镜像）按钮。

⑦ ✖ EXPLODE（分解）

EXPLODE（分解）命令可用于分解一个复杂的图形对象。在AutoCAD中，执行EXPLOE（分解）命令的方法如下。

(1) 在命令窗口中输入X（EXPLODE）命令并按空格键。

(2) 在菜单栏中执行"修改/分解"菜单命令。

(3) 在窗口右边"修改"工具栏中单击✖（分解）按钮。

⑧ ⊬ TRIM（修剪）

TRIM（修剪）命令用指定的切割边去裁剪所选定的对象。切割边和被裁剪的对象可以是直线、圆弧、圆等。被选中的对象既可以作为切割边，同时也可以作为被裁剪的对象。在AutoCAD中，执行TRIM（修剪）命令方法如下。

(1) 在命令窗口中输入"TR（TRIM）"命令并按空格键。

(2) 在菜单栏中执行"修改/修剪"菜单命令。

(3) 在窗口右边"修改"工具栏中单击⊬（修剪）按钮。

⑨ ⊣ EXTEND（延伸）

EXTEND（延伸）命令用于延伸所选定的直线、圆弧和没有闭合的多段线到指定的边界上。有效的边界线可以是直线、圆、圆弧、椭圆和椭圆弧等。在AutoCAD中，执行EXTENG（延伸）命令方法如下。

(1) 在命令窗口中输入"EX（EXTEND）"命令并按两次空格键。

(2) 在菜单栏中执行"修改/延伸"菜单命令。

(3) 在窗口右边"修改"工具栏中单击⊣（延伸）按钮。

⑩ ▣ STRETCH（拉伸）

STRETCH（拉伸）用于拉伸所选定的图像对象，使对象的形状发生改变。拉伸时图形的选定部分被移动，但同时仍保持与原图形中的不动部分相连。在AutoCAD中，执行"STRETCH（拉伸）"命令方法如下。

(1) 在命令窗口中输入S（STRETCH）命令并按空格键。

（2）在菜单栏中执行"修改／拉伸"菜单命令。

（3）在窗口右边"修改"工具栏中单击（拉伸）按钮。

⑪ LENGTHEN（拉长）

LENGTHEN（拉长）命令用于改变非闭合对象的长度，包括直线和弧线，但对于闭合的图形（比如矩形），该命令则无效。在 AutoCAD 中，执行 LENGTHEN（拉长）命令方法如下。

（1）在命令窗口中输入"LEN（LENGTHEN）"命令并按空格键。

（2）在菜单栏中执行"修改／拉长"命令。

⑫ SCALE（比例缩放）

SCALE（比例缩放）命令用于将选定的图形对象在 X 轴和 Y 轴方向上按相同的比例放大或缩小。但比例数值不能为负数。在 AutoCAD 中，执行 SCALE（比例缩放）命令方法如下。

（1）在命令窗口中输入"SC（SCALE）"命令并按空格键。

（2）在菜单栏中执行"修改／缩放"菜单命令。

（3）在窗口右边"修改"工具栏中单击（缩放）按钮。

⑬ BREAK（打断）

BREAK（打断）命令用于删除所选定对象的一部分，或者分割对象为两部分。在 AutoCAD 中，执行 BREAK（打断）命令的方法如下。

（1）在命令提示行中输入"BR（BREAK）"命令并按空格键。

（2）在菜单栏中执行"修改／打断"菜单命令。

（3）在窗口右边"修改"工具栏中单击（打断）按钮。

⑭ CHAMFER（倒角）

CHAMFER（倒角）命令用于在指定的两条直线或多段线之间生成倒角。在 AutoCAD 中，执行 CHAMFER（倒角）命令方法如下。

（1）在命令窗口中输入"CHA（CHAMFER）"命令并按空格键。

（2）在菜单栏中执行"修改／倒角"命令。

（3）在窗口右边"修改"工具栏中单击（倒角）按钮。

⑮ FILLET（倒圆角）

FILLET（倒圆角）命令用于将指定的两条直线或多段线之间生成圆弧。在 AutoCAD 中，执行 FILLET（倒圆角）命令方法如下。

（1）在命令窗口中输入"F（FILLET）"命令并按空格键。

（2）在菜单栏中执行"修改／倒圆角"命令。

（3）在窗口右边"修改"工具栏中单击（倒圆角）按钮。

⑯ PEDIT（编辑多段线）

PEDIT（编辑多段线）命令可用于编辑多段线。多段线是由直线和（或）圆弧组合而成的复杂图形，在 AutoCAD 中，执行 PEDIT（编辑多段线）命令的方法如下。

（1）在命令窗口中输入"PE（PEDIT）"命令并按空格键。

（2）在菜单栏中执行"修改／对象／多段线"菜单命令。

（3）在"修改"工具栏中单击（编辑多线段）按钮。

⑰ ERASE（删除）

ERASE（删除）命令用于删除所选定的对象。被删除的对象可以是直线、圆弧、圆等。被选中的对象可以直接删除。在 AutoCAD 中，执行 ERASE（删除）命令方法如下。

（1）在命令窗口中输入"E（ERASE）"命令并按空格键。

（2）在菜单栏中执行"修改／删除"菜单命令。

（3）在窗口右边"修改"工具栏中单击（删除）按钮。

⑱ MATCHPROP（格式刷）

MATCHPROR（格式刷）命令用来改变物体的颜色，被选的对象可以是直线、圆弧、圆、矩形等。在 AutoCAD 中，执行 MATCHPROP（格式刷）命令方法如下。

（1）在命令窗口中输入"MA（MATCHPROP）"命令并按空格键。

（2）在菜单栏中执行"修改／格式刷"菜单命令。

（3）在窗口右边"修改"工具栏中单击（格式刷）按钮。

CHAPTER 02

绘制室内设计方案

本章重点讲解在室内设计方案时运用 AutoCAD 绘制户型图、平面布置图、立面图、施工吊顶图、开关控制图等重要图纸的方法。

知识点

本章重点通过对 AutoCAD 常用绘图命令、常用修改命令、尺寸标注在实际案例中的具体应用方法和技巧以及运用过程中要注意的问题，掌握 AutoCAD 实际运用技能。

2.1 绘制户型图

户型图是室内设计中很重要的参考图形，创作室内设计方案。下面我们通过测量光盘文件中墙体、弧形阳台和八角窗的具体尺寸，来学习绘制如图 2-1 户型图的方法。

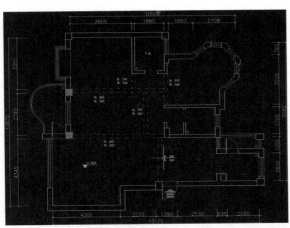

图 2-1

光盘文件：Chapter02\CAD\香山花园练习.dwg

2.1.1 绘制墙体

01 在 AutoCAD 中绘制户型图，先新建空白文件，

在命令行中输入"L"+空格，再按下键盘中的 F8 键（正交打开），一条水平的直线就创建出来了，如图 2-2 所示。

图 2-2

02 在命令行中输入"DLI"，标注出墙的厚度为 310 mm，再输入命令"O"，将这条直线偏移 310mm，墙体的厚度绘制完成。在绘制类似户型图时，一般要从入口处绘制一条竖线与墙体线垂直，效果如图 2-3 所示。

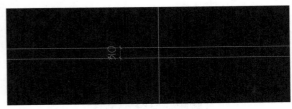

图 2-3

03 在命令行中输入"DLI"再按空格标注出门框的宽度为 970mm，再输入命令"O"，将上一步偏移的

直线再偏移970mm，这样在平面图中就能确定出门的位置，如图2-4所示。

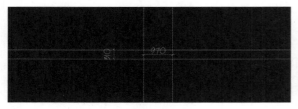

图2-4

04 在命令行中输入"TR"再按空格，修剪掉门框与墙体相交后多余的线段，如图2-5所示的门的位置。

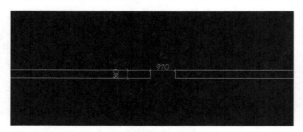

图2-5

05 以此方法按顺时针方向继续绘制其他外墙。

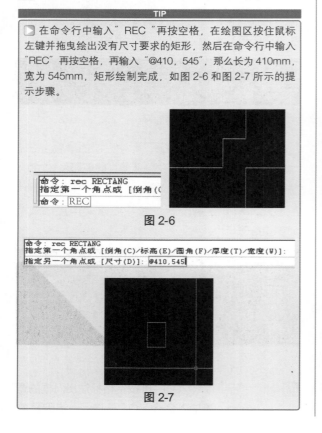

TIP

☐ 在命令行中输入"REC"再按空格，在绘图区按住鼠标左键并拖曳绘出没有尺寸要求的矩形，然后在命令行中输入"REC"再按空格，再输入"@410，545"，那么长为410mm，宽为545mm，矩形绘制完成，如图2-6和图2-7所示的提示步骤。

图2-6

图2-7

06 接下来，在命令行中输入"M"将边长分别为410mm和545mm的矩形移到相应的位置，效果如图2-8所示。

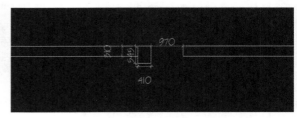

图2-8

07 在命令行中输入"O"再按空格，再在命令行中输入"2270"，设置其偏移数值为2270mm，可得到线1与线2的间距，如图2-9所示。

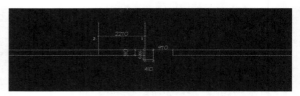

图2-9

08 图中线2表示内墙线，下面我们要绘制出墙体厚度，在命令行中输入"O"命令，按空格，再输入"310"，将其偏移310mm，可得到墙体310mm的厚度，如图2-10所示。

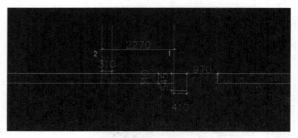

图2-10

09 在命令行中输入"S"再按空格，把线2延长，效果如图2-11所示可得到一条参考线。

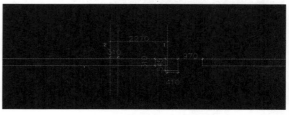

图2-11

10 顺着墙体的走向将内墙线向下偏移，在命令行中输入"O"再按空格命令，输入"1255"按空格偏移1255mm 得到另一个墙体位置，再输入"310"按空格偏移310mm 得到墙体厚度，效果如图 2-12所示。

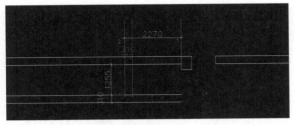

图 2-12

11 在命令行中输入"TR"再按空格，修剪图 2-12 中多余的线段，再输入"F"·按空格，将线 4 与线 5，线 3 与线 6 倒角，结果如图 2-13 所示。

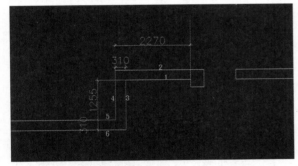

图 2-13

TIP

▶ 线 1 跟线 3 倒角连接，线 2 跟线 4 倒角连接，然后线 4跟线 5 倒角连接，线 3 跟线 6 倒角连接。

12 在命令行中输入"O"命令，按照第一至第六的步骤中偏移的方法将线 4 偏移 4310mm，作为墙体位置，再输入"O"命令，将线 4 的偏移线再偏移310mm，画出墙体厚度，效果如图 2-14 所示（以线4 为基准往左偏移）。

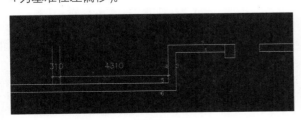

图 2-14

13 在命令行中输入"F"分别对线内墙线和内墙线进行倒角，倒角后的效果如图 2-15 所示。

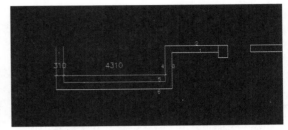

图 2-15

14 在命令行中输入"S"按空格，来拉伸刚才偏移的线，效果如图 2-16 所示。

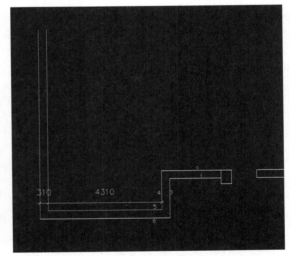

图 2-16

15 在命令行中输入"O"再按空格，将线 5 向上偏移 1155mm，得到线 7，再将线 7 向上偏移 3190-mm，得到线 8，效果如图 2-17 所示。

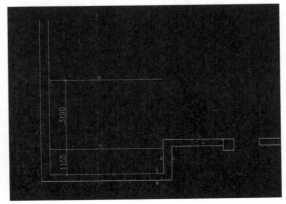

图 2-17

16 在命令行中输入"EX"再按空格（按两次），然后将线7和线8延伸至线9，效果如图2-18所示。

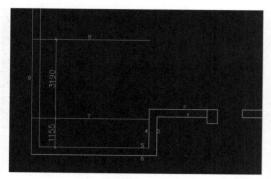

图 2-18

17 先测量出柱子的长为580mm，宽为310mm，在命令行中输入"REC"再按空格，在绘图区按住鼠标左键拖曳，同时在命令行输入"@580，310"再按空格，柱子绘制完成，效果如图2-19所示。

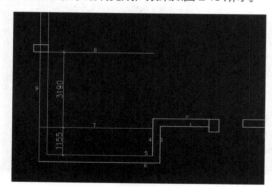

图 2-19

18 在命令行中输入"TR"清除多余线段，留出窗户的位置，效果如图2-20所示。

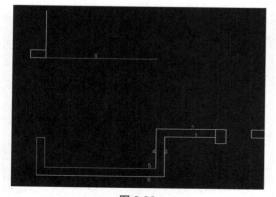

图 2-20

19 在命令行中输入"O"命令，将图2-20的柱子边线向右偏移900mm，然后再在命令行中输入"REC"再按空格，在绘图区按住鼠标拖曳，同时在命令行输入"@440，415"再按空格，另一个矩形墙体绘制完成，效果如图2-21所示。

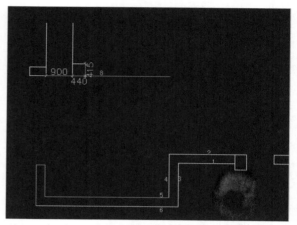

图 2-21

20 将图2-21绘制的矩形墙的边线偏移310mm，画出墙体厚度，绘制线10为辅助线，分别向上偏移495mm、1505mm、385mm，然后把偏移得到的线向左延长至墙面，输入"EX"再按空格（按两次），得到又一组墙体线，如图2-22所示。

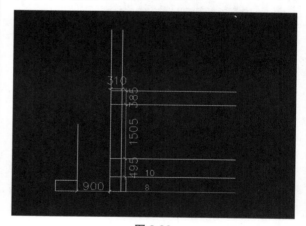

图 2-22

21 修剪掉上一步图中多余的线段，效果如图 2-23 所示。

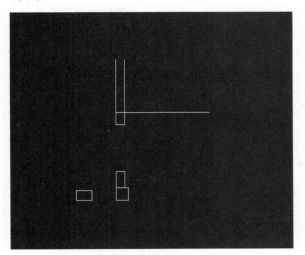

图 2-23

22 绘制出边长分别为 445mm 和 420mm 的矩形墙体并将其移动到相应的位置，效果如图 2-24 所示。

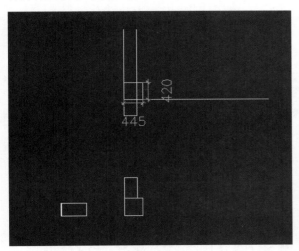

图 2-24

23 绘制辅助线 11 并以此作为参考，将其向上偏移 780mm 后再偏移 1830mm、585mm，完成效果如图 2-25 所示。

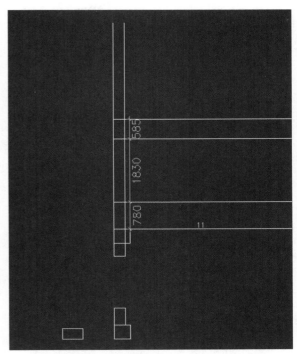

图 2-25

24 把多余的线段修剪掉，留出窗户的位置，完成效果如图 2-26 所示。

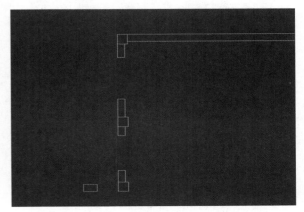

图 2-26

25 绘制一个边长分别为 425mm 和 420mm 的矩形墙体。在命令行中输入"M"把矩形墙体移动到相应的位置，如图 2-27 所示。

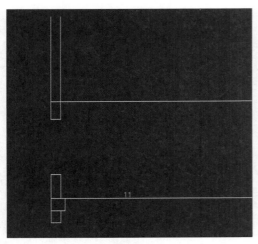

图 2-27

26 绘制一个边长分别为 425mm 和 420mm 的矩形，再在命令行中输入"M"，按空格，把矩形移动到相应的位置，效果如图 2-28 所示。

图 2-28

27 在边长为 425mm 的矩形墙体中，找出外墙线，再向下偏移 310mm，绘制墙体厚度，与此矩形垂直的承重墙体也能绘制出来，效果如图 2-29 所示。

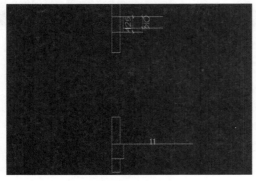

图 2-29

28 再修剪掉多余的线段，部分墙体如图 2-30 所示。

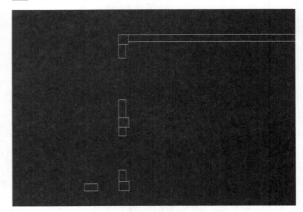

图 2-30

29 将承重墙的内墙线偏移 3905mm，找出室内隔断墙的边线位置，这个墙体厚度为 195mm，将边线偏移画出墙的厚度。再将隔断墙内墙线分别向右偏移 825mm、800mm、630mm 绘出房间宽度，得出厚度为 180mm 的隔断墙体，效果如图 2-31 所示。

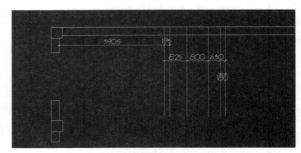

图 2-31

30 将承重墙的内墙线向下偏移 2350mm，绘制出 90mm 厚度的隔断墙，效果如图 2-32 所示。

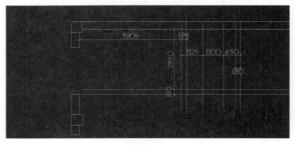

图 2-32

31 修剪掉多余的线段，留出宽度为 800mm 的门洞，效果如图 2-33 所示。

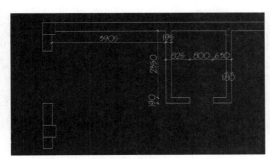

图 2-33

32 将上一步得出的隔断墙的外墙线向右偏移 90 mm，再分别向上偏移 680mm、270mm、310mm 为下一步作准备，如图 2-34 所示。

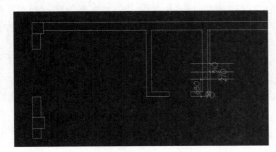

图 2-34

33 修剪掉多余的线段确定出承重墙的位置，效果如图 2-35 所示。

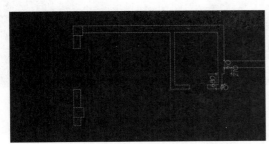

图 2-35

34 绘制一个边长分别为 405mm、435mm 的矩形，再将其移动到窗户所在的位置，效果如图 2-36 所示。

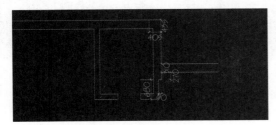

图 2-36

35 修剪掉图 2-36 中多余的线段，绘出窗户的位置，效果如图 2-37 所示。

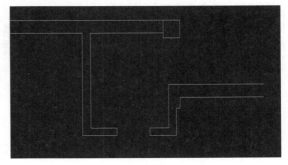

图 2-37

36 将室内承重墙长度定为 1560mm，再在命令行中输入"F"把刚刚操作的两条线段连接起来，效果如图 2-38 所示。

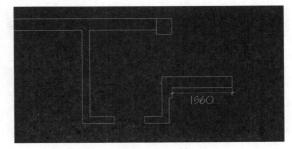

图 2-38

37 按以上讲述的方法，沿顺时针方向将部分墙体绘制完成，效果如图 2-39 所示。

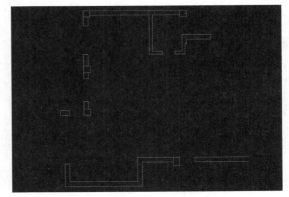

图 2-39

38 接下来我们按逆时针方向进行剩余部分的墙体绘制，先从图 2-40 所示的图形开始，将长为 2530 mm 的承重墙绘制出来。

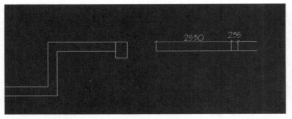

图 2-40

39 将图 2-40 中的宽为 235mm 的矩形边线拉伸。在命令行中输入"S"命令，拉伸两条边线，再输入"O"命令将承重墙边线偏移 515mm，效果如图 2-41 和图 2-42 所示。

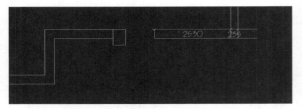

图 2-41

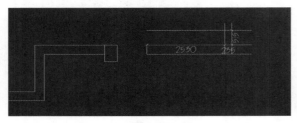

图 2-42

40 将图 2-42 中多余的线段修剪掉，完成效果如图 2-43 所示。

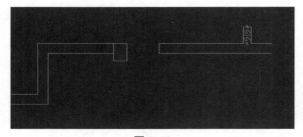

图 2-43

41 在命令行中输入"REC"绘制一个边长分别为 400mm、515mm 的矩形，并将其移动到如图 2-44 所示的位置。

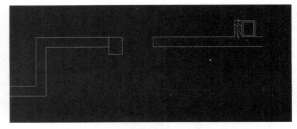

图 2-44

42 如图 2-45 所示，在矩形框内画破折线，并在命令行中输入"H"进行图块填充，在"特性"工具栏中把线型更换成 251 号线型。

图 2-45

43 绘制辅助线 13 并将其向右偏移 2050mm，完成后再次向右偏移 310mm，效果如图 2-46 所示。

图 2-46

44 在命令行中输入"F"，对承重墙的墙线进行倒角，效果如图 2-47 所示。

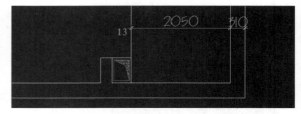

图 2-47

45 绘制一个边长为 440mm、455mm 的矩形，并将其移动到如图 2-48 所示的位置。

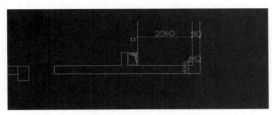

图 2-48

46 修剪多余的线段，效果如图 2-49 所示。

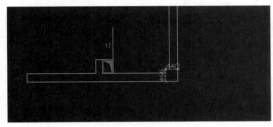

图 2-49

47 接下来绘制其余部分，绘制方法与前面讲解的一样，但需要以逆时针方向将墙体绘制完成，图 2-50 是墙体绘制完整图。

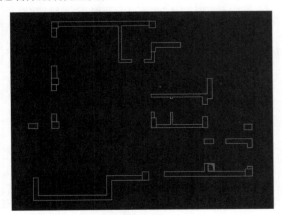

图 2-50

2.1.2 绘制平开窗户

窗户的种类有很多，一般会按开窗形式来划分，下面我们了解一下最常用的平开窗的绘制方法。

01 在命令行输入"L"命令，将承重墙体边线连接起来，再绘制出窗户宽度的中线，如图 2-51 所示。

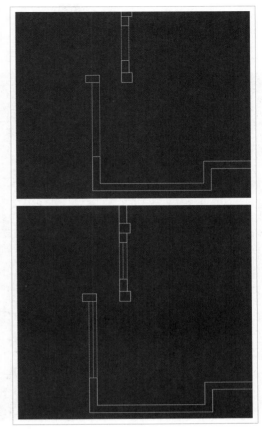

图 2-51

02 把图 2-51 绘制出的中线向左右各偏移 20mm，然后在命令行中的输入"E"命令删除中线，完成效果如图 2-52 所示。

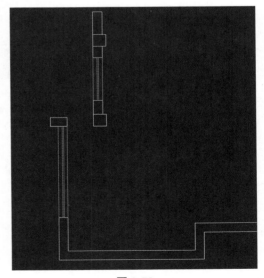

图 2-52

03 在图 2-52 中绘出的两条线为窗户的厚度，线型换成 135 号，与承重墙边线相连的两条线换成 8 号线型，完成效果如图 2-53 所示。

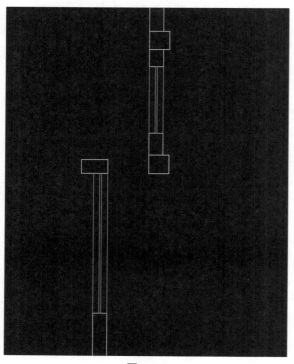

图 2-53

> **TIP**
>
> ▷ 下面进行线条颜色设置。
>
> **01** 在"特性"工具栏中，单击"选择颜色"选项，如图 2-54 所示。
>
>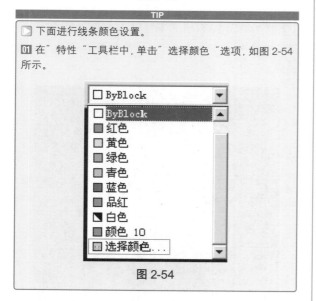
>
> 图 2-54

02 打开"选择颜色"对话框，切换到"索引颜色"选项卡，如图 2-55 所示，就会出现 AutoCAD 颜色索引。

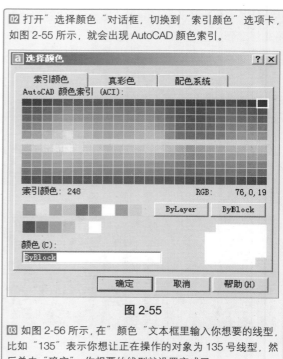

图 2-55

03 如图 2-56 所示，在"颜色"文本框里输入你想要的线型，比如"135"表示你想让正在操作的对象为 135 号线型，然后单击"确定"，你想要的线型就设置完成了。

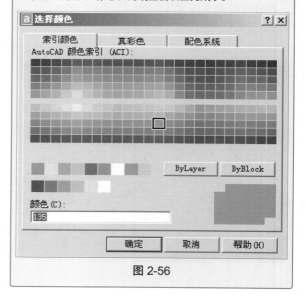

图 2-56

2.1.3 绘制飘窗

下面我们对飘窗这类特殊单体的绘制方法进行讲解。

01 如图 2-57 所示，在命令行中输入"L"命令，把承重墙内墙线连接起来。再输入"DLI"命令测量出飘窗凸出的宽度为 760mm，再在命令行中输入命令"O"将图 2-57 的连线向外偏移 760mm，如图 2-58 所示，确定飘窗的位置。

02 在命令行中输入"L"命令，把偏移后的窗框线与承重墙连接起来，如图 2-59 所示。再输入"O"命令把"1、2、3"三条线分别向外偏移 60mm，各自偏移两次绘出飘窗窗框厚度，如图 2-60 所示。

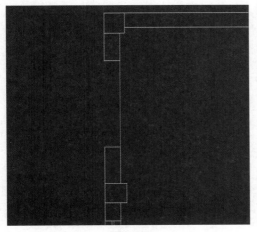

图 2-57

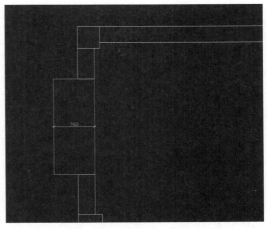

图 2-59

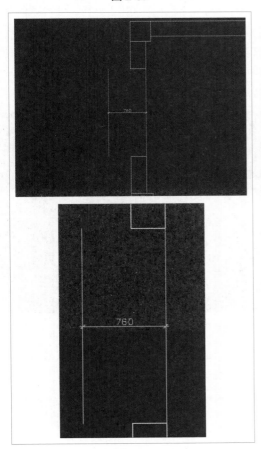

图 2-58

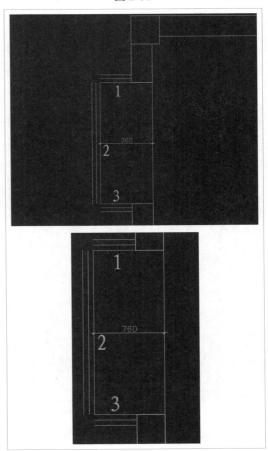

图 2-60

03 把图 2-60 中距线 2 为 60mm 的线再向两边各偏移 20mm 绘出玻璃的厚度，将相互垂直的线连接后，在命令行中输入"F"命令，把线段连接起来，如图2-61 所示。

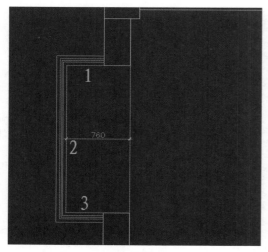

图 2-61

04 在命令行中输入"TR"命令，修剪掉多余的线段，并更换飘窗边线线型，此时飘窗绘制完成，如图 2-62 所示。

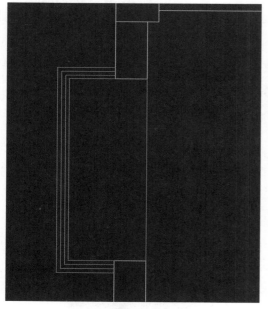

图 2-62

TIP

▶ 设置飘窗的外边框线为 8 号线型，内边框线为 135 号线型，换线型方法参考前面的讲解。

2.1.4 绘制八角窗

八角窗是室内环境中并不常见的窗户类型，由于它的结构比较复杂，我们需要通过平面图先了解一下它的结构。如图 2-63 所示的八角窗平面图。

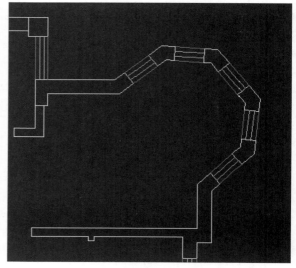

图 2-63

绘制辅助线，可以便于我们观察和了解八角窗的平面结构，在参考图中测量出八角窗的具体尺寸，在命令行中输入"DAL"后效果如图 2-64 所示。

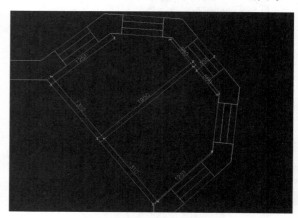

图 2-64

在 AutoCAD 中绘制八角窗，需要了解一些，用来绘制其结构复杂的平面图的技巧，以下为绘制八角窗的方法。

01 如图 2-65 所示，在命令行中输入 "L" 命令，把承重墙边线连接起来，并将其向指定方向偏移 1950mm，确定出八角窗最宽的边线。再次向相同方向偏移 355mm，绘出窗的厚度，再把连接承重墙的线段的中线向左右两边各偏移 1310mm，确定窗的另外两条边线，最后将这两条线各向外偏移 355mm 绘出中线两边窗台的厚度。

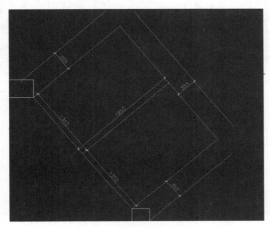

图 2-65

02 如图 2-66 所示，把线 1 向右偏移 1251mm 绘出与线 2 垂直的线段，再把线 2 向两边各偏移 580mm 确定出八角窗中另外的边线。

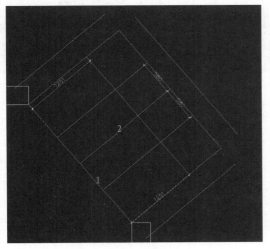

图 2-66

03 如图 2-67 所示，把图 2-66 中绘出的线连接起来，再输入将连接线偏移 355mm，绘制出窗台转角位置的厚度。

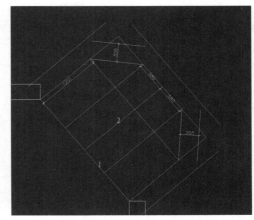

图 2-67

04 把多余的线段修剪掉，效果如图 2-68 所示。

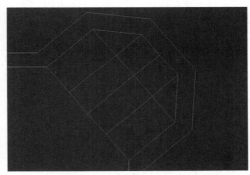

图 2-68

05 如图 2-69 所示，测量出每扇窗户的宽度均为 640mm，只要找到八角窗每条边框的中线，把中线向两边各偏移 320mm，窗户的位置就能确定出来了。再在命令行中输入 TR 命令修剪掉多余的线段，会得到图 2-70 的效果。

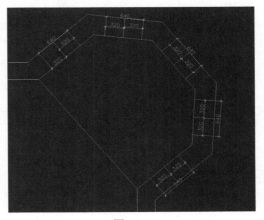

图 2-69

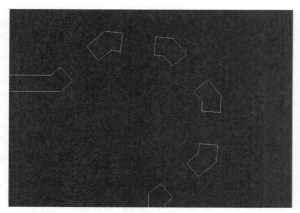

图 2-70

06 把图 2-70 中分段的墙体连接起来，并找到墙厚的中线，把中线向两边各偏移 20mm，偏移完成后清理中线，八角窗基本形体绘制完成，效果如图 2-71 所示。

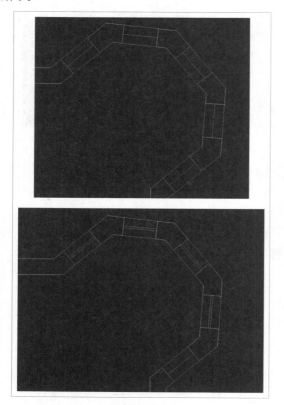

图 2-71

07 接下来是更换绘制的线型，如图 2-72 所示，墙体内部表示玻璃厚度的两条线更换为 135 号线型，这两条线外部的为 8 号线型。

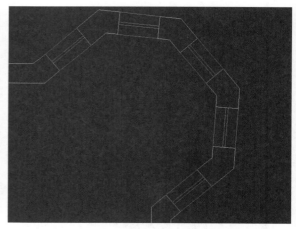

图 2-72

2.1.5 绘制门

门是户型图中重要组成部分之一，绘制时需注意门的尺寸。

01 首先绘制一个长宽分别为 770mm、40mm 的矩形框，其中矩形框的长度跟门洞的长度要相同，效果如图 2-73 所示。

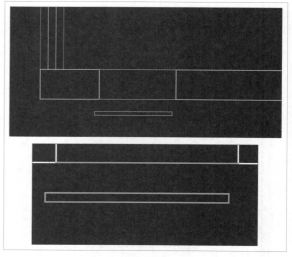

图 2-73

02 在命令行中输入"RO"后按空格,将矩形框旋转。再输入"M"命令将矩形移到如图 2-74 所示的位置。

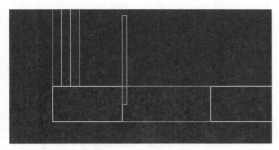

图 2-74

03 单击窗口左边"绘图"工具栏的圆弧 按钮,在点 1 和点 2 之间创建圆弧,表示门打开的方向,如图 2-75 所示。

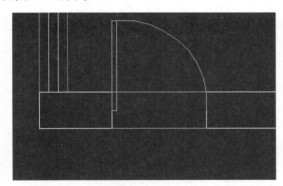

图 2-75

04 把弧线的线型设置成 8 号,门框的线型设置成 135 号,如果有多扇门,其他的门可以与此门相同复制使用,输"CO"+空格进行复制,如图 2-76 所示。

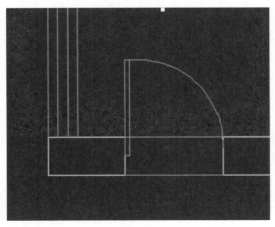

图 2-76

2.1.6 绘制弧形阳台

弧形阳台在现代室内空间中也是一种常见的形式,下面我们来学习它的绘制方法和技巧。

01 如图 2-77 以线 1 为参考,将其向上偏移 3150 mm 确定阳台的长度,再将线 2 向左偏移 2139mm 确定阳台最宽的位置,再将线 2 向左偏移 1311mm 确定阳台最窄的位置,然后再分别偏移 720mm、1245mm 和 412mm。

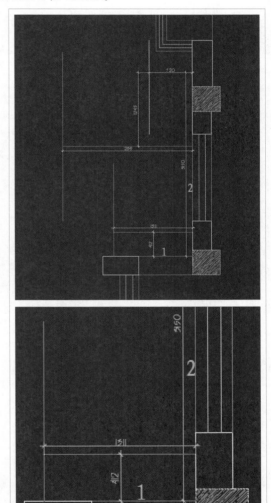

图 2-77

02 如图 2-78 绘制出阳台栏杆的弧线,如图 2-79 所示,在命令行中输入 F(倒角),并调整弧形的弧度。

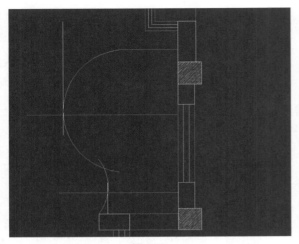

图 2-78

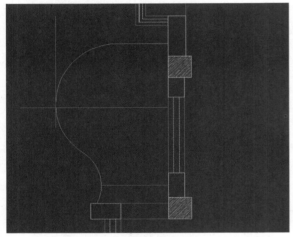

图 2-79

03 把调整好的弧线向外偏移 60mm，两次如图 2-80 所示绘出弧形阳台的边线与厚度。

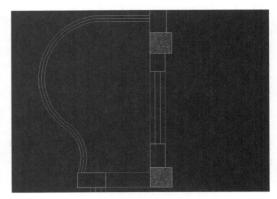

图 2-80

04 下面设置线段的线型，弧形阳台的内边线为 135 号线型，外线框均为 8 号线型，如图 2-81 所示。

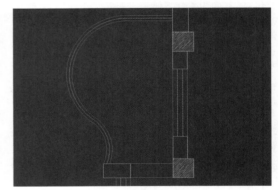

图 2-81

2.2 绘制平面布置图

　　平面布置图是室内设计中最初的空间布置表现，能够将空间规划表现得全面到位，如图 2-82 所示为某户型的平面布置图。

光盘文件：Chapter02\CAD\香山花园练习.dwg
　　　　　Chapter02\平面图块.dwg

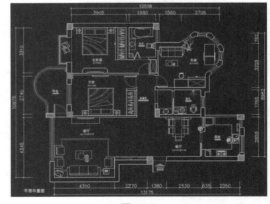

图 2-82

01 我们从户型图中入口的位置开始布置，进门左边的位置摆放一个鞋柜。那么可以用图形表现出来，先绘制一个长度和宽度分别为 2270mm 和 250mm 的矩形（两米多的鞋柜太长，我们可以一半做鞋柜，一半做装饰），将边线向内偏移 20mm 作为鞋柜材质的厚度。若要表示鞋柜里面是空的，可用一条斜线连接矩形的两个对点表示柜子是空的，效果如图2-83 所示。

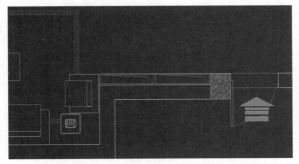

图 2-83

02 接下来绘制客厅布置图。打开光盘中给出的平面图块，找到需要的沙发、茶几，将它们复制并粘贴到另一个操作窗口相应的位置，效果如图 2-84 所示。

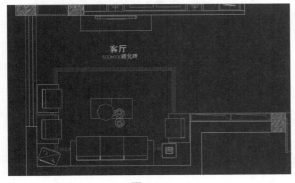

图 2-84

03 电视柜的长度和宽度分别为 2000mm 和 450mm，运用移动、旋转将电视柜命令摆设至相应的位置，再在光盘给出的平面图块中找到电视机平面图块，复制并粘贴到电视柜上相应的位置，效果如图 2-85 所示。

图 2-85

TIP

▶ 以下餐厅、厨房、卫生间、卧室、阳台的平面布局图的绘制方法，同客厅相同。

04 布置完成的餐厅平面图如图 2-86 所示。

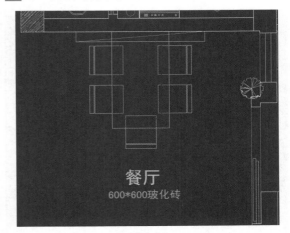

图 2-86

05 厨房布局平面图如图 2-87 所示。

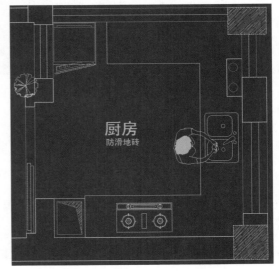

图 2-87

06 卫生间布局平面图如图 2-88 所示。

图 2-88

07 卧室平面布局图如图 2-89 所示。

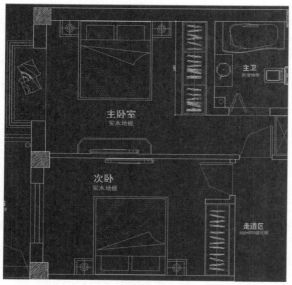

图 2-89

08 阳台平面布局图如图 2-90 所示。

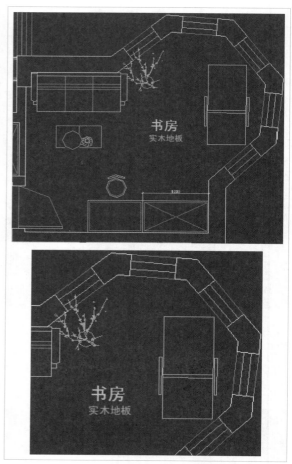

图 2-90

2.3 绘制立面图

本小节以绘制电视背景墙和主卧背景墙的立面图为例，讲解 AutoCAD 中在立面图的绘制方法和技巧。

光盘文件： Chapter02\CAD\香山花园练习.dwg

2.3.1 绘制电视背景墙

电视背景墙在室内设计中也称为"文化墙"，是客厅的视觉中心，一般采用艺术化造型处理。

01 光盘文件的模型库中，将电视背景局部的平面图

形复制并粘贴在操作窗口中，如图 2-91 所示。

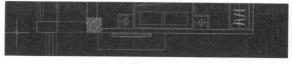

图 2-91

02 把平面图中每个墙面或者有空间间隔的边角线向下延长，输入"L"，画一条与引线垂直直线作为地平线，并将其向上偏移 2850mm，绘制出主卧背景

墙面的高线，随后修剪掉多余的线，效果如图2-92和图2-93所示。

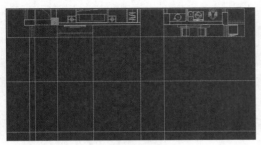

图 2-92

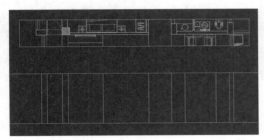

图 2-93

03 根据图 2-91 的平面图，在立面图对应的位置将窗户立面绘制出来，如图 2-94 所示。

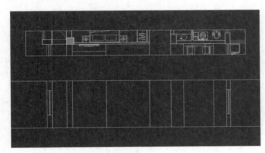

图 2-94

04 从立面图的顶线向下偏移 270mm，确定出吊顶厚度和边线，在命令行中输入命令"TR"，修剪掉多余的线段，效果如图 2-95 所示。

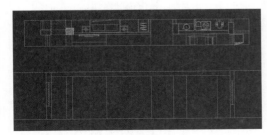

图 2-95

05 与主卧背景墙立面图绘制方法相同，将平面图中电视背景墙、过道、餐厅背景墙的位置在立面图中确定并绘制出来，图中虚线表示墙面装饰中不锈钢拉条的造型。绘制这样的装饰材料首先确定电视背景墙的位置，其宽度为 2865mm；其次从吊顶向下偏移 560mm，作为不锈钢拉条墙面装饰最高边线的位置。再将其偏移 20mm 作为不锈钢拉条的宽度；再向下偏移 2390mm 作为不锈钢饰面最底端边线的位置，如图 2-96 所示。

图 2-96

06 在命令行中输入"Alt 填充"，选择适合材料填充电视背景墙。然后复制并粘贴电视机和音响的立面图块，如图 2-97 所示。

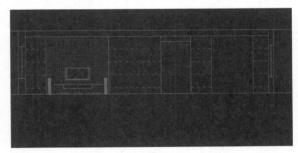

图 2-97

07 确定灯具、挂饰、花瓶等家具的位置，并将立面图块复制粘贴到立面图中摆放好，效果如图 2-98 所示。

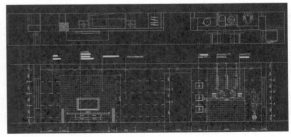

图 2-98

2.3.2 绘制主卧背景墙立面图

　　主卧背景墙在这里指的是床头背景墙，在主卧内床头背景是装饰中不能忽视的部分，它的设计也至关重要，如图 2-99 为主卧背景墙立面图。

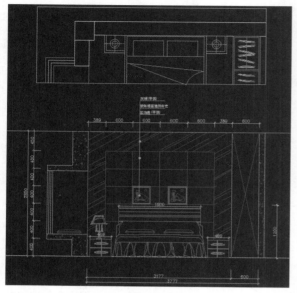

图 2-99

01 框选主卧床头局部的平面图并复制和粘贴到对应位置，再把平面图中每个墙面或者有空间间隔的边角线延长，画一条与延长线垂直的直线作为地平线，并将其向上偏移 2850mm，画出整个墙面的水平高线，效果如图 2-100 和图 2-101 所示。

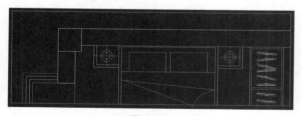

图 2-100

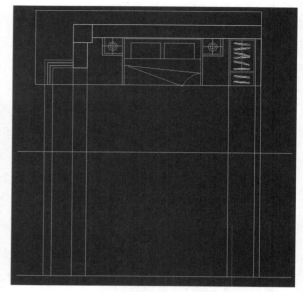

图 2-101

02 把多余的线段修剪掉，形成立面图初步框架，如图 2-102 所示。

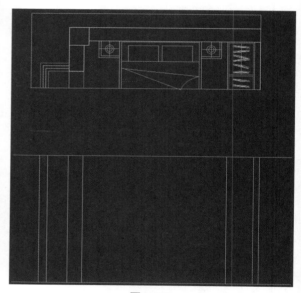

图 2-102

03 根据平面图，在立面图中将窗户绘制出来，并找出床头背景的位置，如图 2-103 所示。

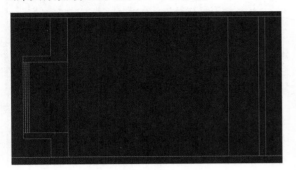

图 2-103

04 在命令行中输入"O"命令，将立面竖向两条线偏移 389mm，再次输入"O"命令，将顶线偏移 450mm，确定背景墙软包和灰镜的位置，如图 2-104 所示。

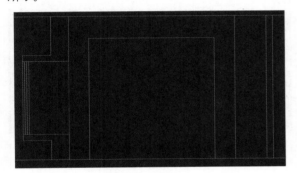

图 2-104

05 绘制 600mm、400mm 的矩形表示软包和灰镜，并把床的立面图放到对应的位置，立面如图 2-105 所示。

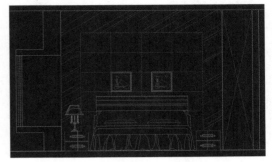

图 2-105

06 在命令行中输入"DI"命令，对立面图进行标注，如图 2-106 所示。

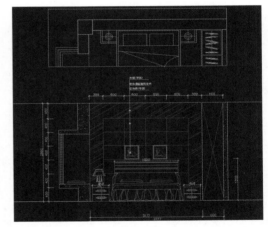

图 2-106

2.4 绘制室内面积图

　　测量室内面积和周长是为甲方提供工程的报价和预算的，我们可以根据测量的面积和周长，对照报价表计算出整个工程的款项。

光盘文件： Chapter02\CAD\香山别墅.dwg

01 在命令行中输入"BO"后再按空格，弹出"边界创建"的对话框，单击"拾取点"，在需要创建边界的区域内单击鼠标左键，然后按下空格键，用这样的方法依次创建出客厅、餐厅、过道的边界线，如图 2-107 和图 2-108 所示。

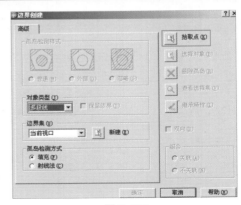

图 2-107

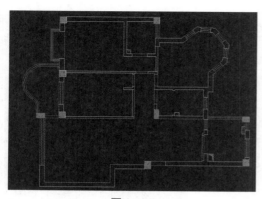

图 2-108

02 在命令行中输入"LI（显示图形数据信息）"命令进行面积和周长的测量，测量出图 2-108 客厅、餐厅、过道的面积和周长，如图 2-109 所示。再把测量出的面积和周长复制并粘贴到文字格式（T）里面，如图 2-110 所示。

图 2-109

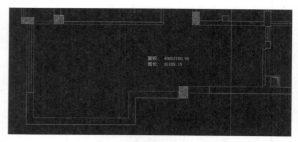

图 2-110

03 其他区域的面积和周长，同客厅、餐厅、过道的绘制方法一样，在此不做详细介绍，如图 2-111 所示，整个户型的面积和周长已测量完成。

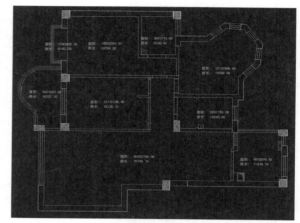

图 2-111

2.5 绘制地面铺设图

绘制地面铺设图是为了更好地表达设计师想法，便于和客户更有效地沟通。

光盘文件： Chapter02\CAD\香山别墅练习.dwg

01 在命令行中输入"H"后按空格，会弹出边界图案填充对话框，进行边界图案填充，如图 2-112 所示。

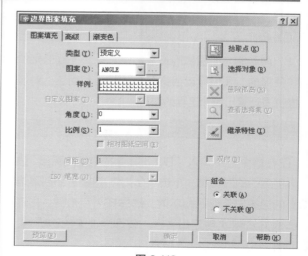

图 2-112

02 结束上一步后单击需要填充的区域并按下空格键，图案填充完毕。

> **TIP**
>
> ▶ 在填充时要注意填充图案的比例问题。例如客厅、餐厅和过道的地面需要填充尺寸为 800mm×800mm 波化地砖，参数设置如图 2-113 所示。

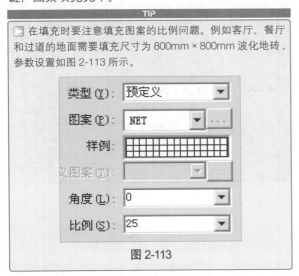

图 2-113

03 把填充的图案的线型改为 251 号线型，如图 2-114 所示为填充后的平面图。

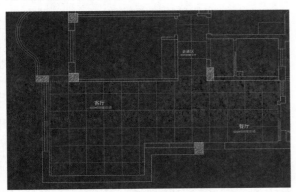

图 2-114

04 卧室、书房一般填充木地板样例，把填充的图案的线型改为 251 号线型，参数和效果如图 2-115 所示。

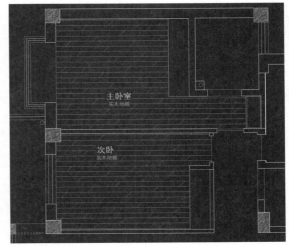

图 2-115

05 卫生间、厨房、阳台填充尺寸为 300mm×300mm 的防滑地砖，如图 2-116 所示的提示。

图 2-116

06 把上一步填充的图案的线型改为 251 号，填充后效果如图 2-117 所示。

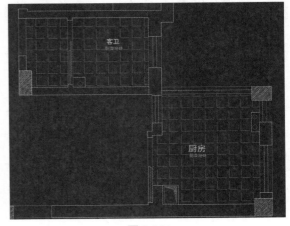

图 2-117

07 按照上述方法，将其他地面铺设绘制完成，效果如图 2-118 所示。

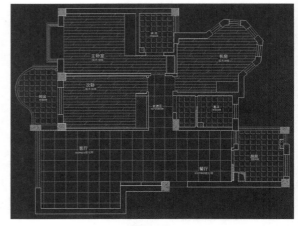

图 2-118

2.6 绘制天花布局图

吊顶是家装中不可缺少的一部分，直接影响整个室内的装饰效果，而天花布局图是吊顶平面图的重要部分，在施工中吊顶起着至关重要的作用。如图 2-119 所示天花布局图。

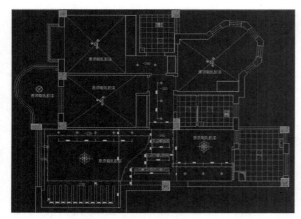

图 2-119

光盘文件： Chapter02\CAD\香山别墅练习.dwg

01 输入 "O" 命令，把 A 面、B 面的边线各向内偏移 350mm，C 面的边线向内偏移 1490mm，确定客厅吊顶的宽度，D 面的边线向内偏移 800mm，确定餐厅吊顶的宽度，效果如图 2-120 所示。

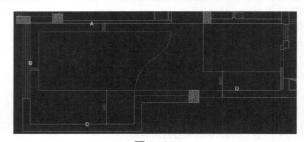

图 2-120

02 接下来就在客厅沙发的位置的上方做几何造型表示天花的装饰美感，效果如图 2-121 所示。

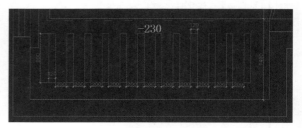

图 2-121

03 餐厅和客厅中间走廊的吊顶造型由 3 个矩形凹槽组成，效果如图 2-122 所示。

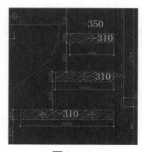

图 2-122

▶ 图标█指的是射灯。数值－310mm 是指从原顶向下凸出 310mm，数值－350mm 是指从原顶向下凸出 350mm。

04 如图 2-123 所示中的卫生间、厨房都采用 300mm×300mm 铝塑板吊顶。

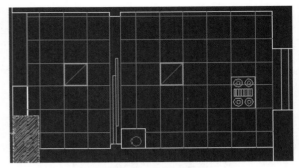

■防雾灯 ■浴霸

图 2-123

2.7 绘制开关控制图

　　开关控制图是在家装流程中开槽走水电的时候需要参考的布置图，尽管专业工人都非常有经验，但有设计师的开关控制图作参考会更便于施工。

光盘文件： Chapter02\CAD\香山别墅练习.dwg

　　餐厅用单相三位开关来控制餐厅的灯，过道用单相二位开关来控制过道的灯，一般在客厅都使用单相四位开关来控制客厅的灯，把相同路线相同属性的灯串连起来，连接到开关上，效果如图 2-124 至图 2-126 所示。

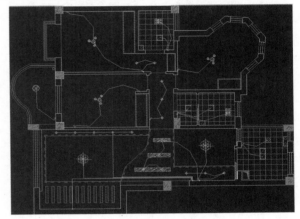

图 2-125

图 2-124

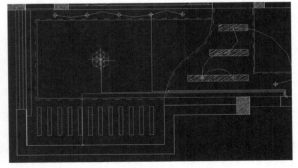

图 2-126

2.8 绘制插座布局图

一般在有电器设备的位置会相应地安装插座，面积大的房间可以多设置几个，但布置一定要合理。如图 2-127 至 2-129 所示为插座平面布局图。

原始文件：Chapter02\CAD\香山别墅练习.dwg

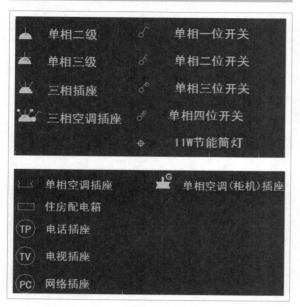

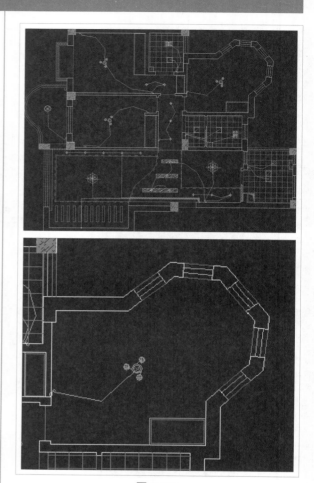

图 2-127

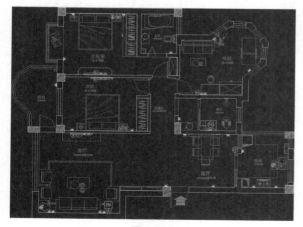

图 2-128

图 2-129

3ds Max室内
设计速成技法

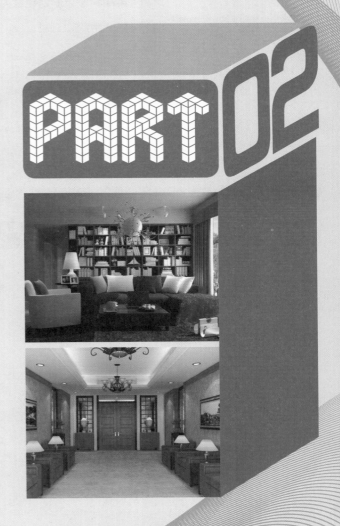

3D Studio Max常简称为3ds Max或MAX，是Autodesk公司开发的基于PC系统的三维动画渲染和制作软件，广泛应用于广告、影视、工业设计、建筑设计、多媒体制作、游戏以及工程可视化等领域。而在国内发展相对比较成熟的建筑效果图和建筑动画制作中，3ds Max的使用率更是占据了绝对的优势。

知识点

本章重点向读者全面讲解室内效果图的电脑表现技法。

CHAPTER 03

室内建模常用命令和技巧

本节重点向读者讲解 3ds Max 的操作界面、常用基础命令以及运用样条线和多边形创建室内模型方面的运用方法和技巧。

📍 知识点

本章主要讲解 3ds Max、VRay、Photoshop 等软件在室内效果图方面的制作方法和应用技巧，本章从 3ds Max 的基础知识入手，到案例和知识点的结合，由浅入深。对于 VRay 渲染器的讲解，是多年的工作经验总结，相信读者很快就会上手，后面的 Photoshop 重点解析了在室内效果图的后期方面的修整与创作。本章为零基础的读者提供一套学习 3ds Max 电脑室内效果图表现的全面速成教程。

3.1 基础命令讲解

本节重点让读者了解 3ds Max 的主工具栏、视图区、命令面板的具体用法，以便在后面章节的学习中能熟练运用，为深入学习打下基础，3ds Max 的基本操作界面如图 3-1 所示。

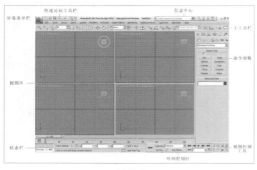

图 3-1

● 主工具栏

主工具栏是我们常用的快捷工具栏之一，在下面的学习中我们将对主工具栏中的一些常用命令进行讲解，如图 3-2 所示。

图 3-2

如图 3-3 所示为 Selection Filter（选择过滤器）面板。

图 3-3

> **TIP**
> 常用过滤选择方式为 All（全部）、Lights（灯光）和 Cameras（摄影机）。

ⓞ Select Object（选择对象）按钮

使用这个按钮是为了选取一个或多个对象进行操作。如果直接单击对象，就可以将选择物体以白色线框方式显示；如果是实体着色模式，则显示一个白色的边框。

⑫ Select by Name（按名称选择）按钮

单击主工具栏上的按钮，即可打开"Select From Scene"对话框。另外，还可以通过"Edit / Select by / Name"菜单命令或在键盘上直接按下快捷键 H 实现此操作。

⑬ Selection Region（选择区域）按钮

这个按钮提供了 5 个不同区域选择对象，包括矩形、圆形、围栏、套索和绘制。

⑭ Window/Crossing（包含 / 交叉）按钮

➤ Window Selection（包含选择）：使用该按钮时，只有完全在虚线框外的对象才能被选择。

➤ Crossing Selection（交叉选择）：使用这种方式时，不仅虚线框所包含的对象都被选择，部分在虚线框范围外的对象也将被选择，但在通常情况下我们使用交叉方式。

⑮ Select and move（选择并移动）按钮：

这个按钮简称移动工具，用于选择对象并进行移动操作，移动时可以根据自定义的坐标系和坐标轴向来进行操作，该工具对应的快捷键是 W。

⑯ Select and Rotate（选择并旋转）按钮

按钮简称旋转工具，用于选择对象并将其进行旋转操作。旋转时根据定义的坐标系和坐标轴向来进行，该工具对应的快捷键是 E。

⑰ Select and Scale（选择并缩放）按钮

➤ Select and Uniform Scale（选择并等比例缩放）：在 3 个轴向上等比例缩放，只改变体积大小，不改变形状，使对象等比例地放大或缩小，这里的坐标轴向对它不起作用对象形体不变。

➤ Select and Non-uniform Scale（选择并非均匀缩放）：在指定的坐标轴方向上进行非等比例缩放，对象的体积和形状都发生变化。

➤ Select and Squash（选择并挤压）：在指定的坐标轴方向上做挤压变形，对象保持体积不变，但形状将发生改变。

⑱ Reference Coordinate System（参考坐标系）面板

➤ 如图 3-4 所示为参考坐标系下拉表框的下拉菜单。

图 3-4

TIP

▶ 常用视图为 World（世界）、Local（局部）。

⑲（使用轴点中心）按钮

➤ Use pivot point Center（使用轴点中心）：将选择对象自身的轴心点作为变换的基准点，如果同时选择了多个对象，选择对象则会针对各自的轴心点变换。

➤ Use Selection Center（使用选择中心）：使用所选择对象的公共轴心作为变换基准点，这样可以保证选择整体不会发生相对的变化。

➤ Use Transform Coordinate Center（使用变换坐标中心）：使用当前坐标系统的轴心作为所有选择对象的轴心。

⑩ Select and Manipulate（选择并操作）按钮

此按钮通过拖曳"操纵器"，可以直接在视图中对某类对象的修改器或控制器参数进行编辑，其中一个重要的作用是调节动作变形的滑杆。

⑪ Keyboard Shortcut Override Toggle（键盘快捷键覆盖切换）按钮

此按钮让用户在主窗口激活它时可以与功能区域中如可编辑网格、轨迹视图、Nurbs 等快捷键之间进行切换。按钮关闭时，软件只能识别主窗口快捷键，打开时则能同时识别功能区域快捷键，当功能区域快捷键与主窗口快捷键冲突时，则以功能区快捷键优先。

⑫ Snap Toggle（捕捉开关）按钮

➤ 3D Snap（三维捕捉）：直接在三维空间中捕获三维对象，包括所有类型的对象。

➤ 2.5D Snap（二点五维捕捉）：这是一个功能介于二维与三维空间的捕捉按钮。它是将三维空间的特殊项目捕捉到二维平面上。

➤ 2D Snap（二维捕捉）🔲：捕捉范围在当前视图中栅格平面上的曲线和无厚度的平面造型上，对于有体积的造型将不予捕捉，它通常用于对平面图形的捕捉。

⑬ **Angle Snap Toggle（角度捕捉切换）按钮**🔲

这个按钮是对旋转操作时角度间隔的设置，关闭角度捕捉切换对于细微调节有帮助，但对于整角度的旋转就很不方便了。但在实际操作中我们经常要进行 90°、180° 等整角度的旋转，这时需要打开角度捕捉切换按钮，系统会以 5° 作为角度的变化间隔参考进行角度的旋转。

TIP
▶ 此时单击鼠标右键可以切换出（栅格和捕捉设置）对话框，在 Options（选项）中，可以通过 Angle（角度）设置角度捕捉的间隔角度，默认设置为 5°。

⑭ **Percent Snap（百分比捕捉切换）按钮**🔲

该按钮用于缩放或挤压操作时的百分比间隔设置，如果不打开百分比捕捉，系统会以 1% 作为缩放的比例间隔；如果要求整比例缩放（如放大 200%），就可以打开百分比捕捉，它会以 100% 作为缩放的比例间隔。

TIP
▶ 此时单击鼠标右键，可以切换出“栅格和捕捉设置”对话框，在 Options（选项）中，可以通过 Percent（百分比）值设置缩放捕捉的比例间隔，默认值为 10%。

⑮ **Spinner Snap Toggle（微调器捕捉切换）按钮**🔲

➤ Edit Named Selection Sets（编辑命名选择集）🔲 Mirror（镜像）🔲：选择对象后单击（按钮🔲，弹出“Miror”对话框，如图 3-5 所示，对话框会依据当前参考坐标系的系统名称命名 [如坐标系统为 View 状态的话，将以 Screen 坐标系统命名]。

图 3-5

➤ Mirror Axis（镜像轴）参数组：提供 6 种对称轴向用于镜像操作，单选此项后，视图中的选择对象会实时显示出镜像效果。

➤ Offset（偏移）：指定给镜像对象之间的距离，距离值是通过两个对象的轴心点来计算的。

➤ Clone Selection（克隆当前选择）参数组：决定以何种方式镜像对象，同时还可以复制被镜像对象。

➤ No Clone（不克隆）：只镜像对象，不进行复制。

➤ Instance（实例）：复制一个新的镜像对象，并指定为关联属性。

➤ Reference（参考）：复制一个新的镜像对象，并指定此对象的属性为参考属性。

➤ Mirror IK Limits（镜像 IK 限制）：勾选该复选框可以与几何体一起对 IK 约束镜像。IK 所使用的末端效应器不受镜像工具的影响，所以想要镜像完整的 IK 层级的话，需要先在“运动”命令面板下的 IK 控制参数栏中删除“末端效应器”，镜像完成之后再在相同的面板中建立新的“末端效应器”。

◉ 视图区

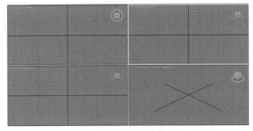

图 3-6

首次打开 3ds Max 时，系统默认状态是将视图区划分为 4 个区域，它们分别是顶视图快捷键为 T、前视图快捷键为 F、左视图快捷键为 L 和透视图快捷键为 P。我们常习惯在 3 个平面视图中绘制图形和调节，以保证建模时数据的准确性，而透视图是用来观察三视图中立体效果。它们布局两两相对，使用键盘快捷键可以快速操作，但是视图区中没有右视图和后视图，我们可以通过左上角的视图标签菜单或右上角的 ViewCube（视图立方体）来切换视图。

○ **命令面板**

　　创建菜单其实就是创建命令面板里的部分内容，这里提供了相同的菜单较为方便的操作模式，如图3-7所示。

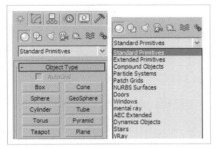

图 3-7

○ **Geometry（几何体）**

① **Standard Primitives（标准几何体）:**

　　产生相对简单的基本体，如长方体、球体、圆柱体、锥体等。如图 3-8 所示的 Standard Primitives（标准几何体）面板。

图 3-8

　　例如在 Object Type 卷展栏中单击 Box 按钮后在 Parameters 卷展栏中确定立方体立长、宽、高尺寸，创建长方体模型，如图 3-9 所示，为体块尺寸设置和透视图界面效果。

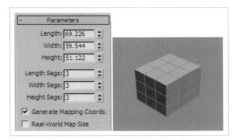

图 3-9

➤ Length/Width/Height（长 / 宽 / 高）：确定三条边的长度，默认值分别为 69.226,59.544,51.122。

➤ Length/Width/Height Sges（长 / 宽 / 高分段）：控制长、宽、高三边上的片段划分数，默认值为 3。为了使效果更为细腻和有效，通常需要增加相应的分段数。

② **Extended Primitives（扩展基本体）:**

　　产生相对复杂的基本体，如倒角圆柱体、锥体等。Extendard Primitives（扩展基本体）面板以及这些基本体在透视界面效果图，如图 3-10 和图 3-11 所示。

图 3-10

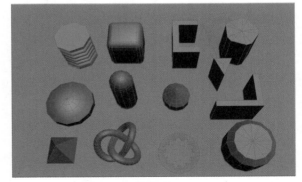

图 3-11

❸ Compound Objects（复合对象）：

通过复合方式产生的几何体，其中包括"放样"、"布尔"、"散布"、"变形"等多种复合方式。

Compound Objects（复合对象）面板如图 3-12 所示。

图 3-12

Boolean（布尔）：在布尔运算中，两个原始对象被称为操作对象，一个叫操作对象 A，另一个叫操作对象 B。在对对象进行布尔运算后随时可以对两个操作对象进行修改。运用布尔运算修改对象的过程可以记录为动画，从而表现神奇的切割过程。

➢ Union（并集）：将两个造型合并，相交的部分被删除，剩余部分成为一个新的对象，与 Attach（附加）命令相似，但造型结构已发生变化，产生的造型复杂度相对较低。

➢ Intersection（交集）：将两个造型相交的部分保留，不相交的部分删除。

➢ Subtraction（差集）：将两个造型进行相减处理，得到一种切割后的造型。执行差集操作时两个对象选择的先后顺序不同，得到的结果会完全不同，这是最常用到的一种布尔运算方式。

➢ Loft（放样）：放样造型起源于古代的造船技术。古时造船以龙骨为路径，在不同截面处放入木板，从而得到船体。这种技术后来被广泛应用于三维建模领域。

放样前需要先完成截面图形的制作和路径的绘制，它们均属于二维图形。对于路径，一个放样对象只允许有一条，封闭、不封闭、交错都可以。对于截面图形，可以有一个或多个，也可以封闭或不封闭。

ProBoolean：ProBoolean 复合对象可以看做是专业的布尔工具，它在 Boolean（布尔）复合对象基础上增加了更多的功能。首先它可以组织多个对象进行布尔运算，还可以随意更改运算方式。其次，ProBoolean 改进了布尔运算的方法，能够使布尔运算后的众多对象融为一体。与传统的 Boolean（布尔）复合对象相比，ProBoolean 复合对象的边缘更加准确、清晰，产生的三角面和顶点数更少，渲染速度更快，发生错误的概率更小。

❹ Particle Systems（粒子系统）：

产生微粒子属性的对象，如雨、喷泉、火花等。

◎ Splines（样条线）面板

示意图及用样条线创建的众多样线条如图 3-13 所示。

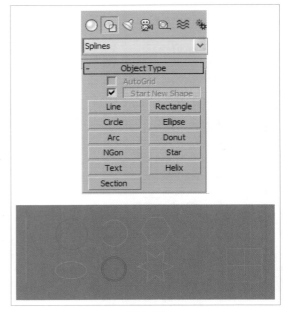

图 3-13

例如利用 Line（线）按钮能够自由绘制任何形状的封闭或开放型曲线（包括直线）；可以直接画直线，也可以拖动鼠标绘制曲线，对曲线的弯曲方式有 Corner（角点）、Smooth（平滑）和 Bezier（贝塞尔）三种。在修改命令面板下，可以进入 Line 对象的顶点、线段、样条线子对象层级，进行进一步修改。这些子对象层级的参数与 Edit Spline（编辑样条线）修改器中的子对象层级参数相同。

● Pivot（轴）

01 在 3ds Max 中所有的对象都有一个轴心点，可以把它想象成对象自身的中心。轴常用于下列用途。

（1）作为变换依据的中心点，旋转时围绕它进行角度变换，缩放时基于它放大或缩小。

（2）作为 XForm（变换）修改中心的默认位置。当指定一个修改命令时，进入它的 Center（中心）子对象层级，此变换中心默认即为轴心点的位置。

（3）定义与其子对象链接的中心点，子对象将针对其进行变换操作。

（4）定义反方向链接运动的关键点的位置，专用于 IK 反方向运动的变换操作。

02 Adjust Pivot（调整轴）卷展栏如图 3-14 所示。

图 3-14

（1）在 Move/Rotate/Scale 参数组中包括 3 个控制项目，每个项目被选择后将显示为蓝色，下面的对齐项目也会根据当前不同的项目而变换不同的命令，便于轴心的对齐操作。

➢ Affect Pivot Only（仅影响轴）：仅对当前选择对象的轴心点产生变换影响，这时通过 ✥（选择并移动）和 ↻（选择并旋转）工具可以调节轴心点的位置和方向。

➢ Affect Object Only（仅影响对象）：仅对当前选择对象产生变换影响，其中心点保持不变，这时使用 ✥ 和 ↻ 工具可以调节对象的位置和方向。

➢ Affect Hierarchy Only（仅影响层次）：仅对当前选

择对象的链接子对象产生旋转和缩放变换影响，它的轴心点位置与方向不变。该功能仅影响层次对象的变换操作，不影响骨骼系统。

（2）Alignment（对齐）参数组里的选项仅对上面 Affect Pivot Only（仅影响轴）和 Affect Object Only（仅影响对象）两个命令起作用，常用于轴心点的自动对齐。

➢ Center to Object（居中到对象）：移动轴到对象的中心处。

➢ Align to Object（对齐到对象）：旋转轴使它与对象的变换坐标轴方向对齐。

➢ Align to World（对齐到世界）：旋转轴使它与世界坐标轴方向对齐。

（3）Pivot（轴）参数组只包含 Reset Pivot（重量轴）一个选项。

➢ Reset Pivot（重置轴）：恢复对象的轴心点到刚创建时的状态。

03 Working Pivot（工作轴）卷展栏选项如图 3-15 所示。

图 3-15

（1）Edit Working Pivot（编辑工作轴）：激活此按钮后，就会显示出场景中的工作轴，并且可以对工作轴进行移动或旋转操作。此时在视口标签菜单下方会显示 Edit WP（编辑 W P）标识。

（2）Use Working Pivot（使用工作轴）：激活此按钮后，可以根据场景的工作轴来变换当前选择对象。在该模式下，对象上固有的轴心点将失去作用，移动和旋转等变换场景操作将根据工作轴的位置和角度进行，此时在视口标签菜单下方会显示 Use WP（使用 WP）标识。

（3）Align To View（对齐到视图）：激活此按钮后可重新确定工作轴方向，使坐标轴中 XY 平面与活动视图平面平行，X 轴和 Y 轴与视口边缘平行。该工具仅在 Edit Working Pivot（编辑工作轴）和 Use Working Pivot（使用工具轴）状态下可用。

（4）Reset（重置）：单击该按钮后工作轴将移动至选定对象的轴位置。选择子对象时，工作轴将移动到选择项的几何中心上，也就是选定子对象的平均位置。

（5）Place Pivot To（把轴放置在）参数组如图3-16 所示使用该参数组中的命令可用鼠标单击的方式而不是移动变换的方式对工作轴进行定位。具体使用时，按下 View（视图）或 Surface（曲面）按钮，然后在视图中单击，工作轴就自动跳转到指定的视图或曲面位置上了。若要退出该功能，只需用鼠标右键单击活动窗口即可。

图 3-16

- ➤ View（视图）：在屏幕空间中单击定位工作轴，它不能计算屏幕的深度，只能在平行于屏幕的平面上放置工作轴。
- ➤ Surface（曲面）：在对象曲面上放置工作轴。如果单击的位置没有曲面，则在构造平面（默认为主栅格）上放置。将鼠标光标移动到曲面上时，可以预览工作轴的位置和角度。
- ➤ Align To View（对齐到视图）：勾选该复选框后，当使用 View（视图）或 Surface（曲面）模式指定工作轴时，可以将其自动对齐到当前视图。

3.2 样条线建模的常用命令

本小节将重点讲解 Spline（可编辑样条线）对象在顶点、线段、样条线各个子对象层级下的常用命令，为今后的建模奠定坚实的基础。

Editable Spline（可编辑样条线）各子对象层级的选择界面如图 3-17 所示。

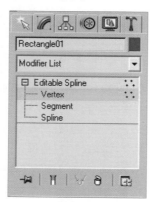

图 3-17

Editable Spline 各子对象的常用命令如表3-1所示。

表 3-1

常用命令	中文释义	常用功能
Vertex	顶点	Weld（焊接）、Fillet（圆角）、Refine（优化）
Segment	线段	Divide（断开）、Detach（分离）、Connect（连接）
Spline	样条线	Outline（扩边）、Trim（修剪）

3.2.1 三维立体 Logo 绘制

本小节主要的学习目的是了解"点"的属性，熟练掌握 Bevel、Extrude、Refine 等命令的使用方法，最终完成三维立体 Logo 的绘制，效果如图3-18 所示。

光盘文件：Chapter03\CCTV.jpg

图 3-18

01 启用 3ds Max，切换到前视图，按快捷键 Alt+W。打开 Viewport Background（视口背景）对话框，单击 Files（文件）按钮，在弹出对话框中选择名为 CCTV 的图片并打开。其他设置如图 3-19 所示。

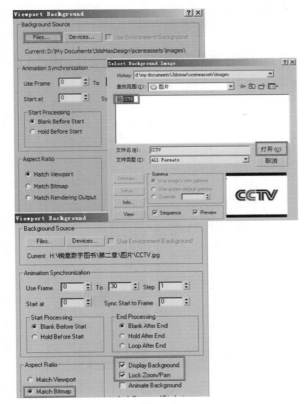

图 3-19

02 单击 Line（线）按钮，沿着视口背景显示的 Logo 边缘绘制闭合，使绘制出的图形和背景 Logo 完全吻合，效果如图 3-20 所示。

图 3-20

03 隐藏视口背景，绘制完成的二维图形效果如图 3-21 所示。

图 3-21

04 选中所有绘制完成的二维图形，在工作界面右侧修改器列表中，选择 Extrude（挤出）修改器并在 Parameters（参数）卷展栏中进行相应设置，效果如图 3-22 所示。

图 3-22

TIP

此时通过观察我们发现 Logo 的边角不够圆滑，这样的效果做 Logo 演绎和电视栏目包装品质是不够的，如图 3-23 所示。

图 3-23

05 选中挤出的对象，为其添加 Bevel（倒角）修改器，参数设置及效果如图 3-24 所示。

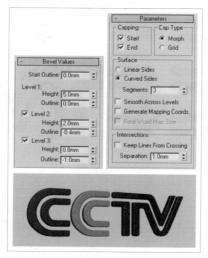

图 3-24

06 将 Bevel Values（倒角值）卷展栏中第三个级别的高度改为 −0.8mm，参数设置及效果如图 3-25 所示。至此，三维立体 Logo 绘制完成。

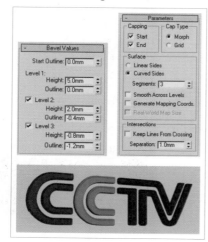

图 3-25

3.2.2 办公网椅制作

本小节的学习目的是了解线段子对象层级的属性，熟练掌握 Divide、Detach 、Connect 等命令在建模中的使用方法和技巧。

光盘文件： Chapter03\椅子.max

01 在前视图中绘制一个矩形，单击鼠标右键并选择

Convert to Editable Spline 命令，将其转换为可编辑样条线，如图 3-26 所示。

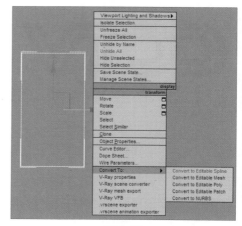

图 3-26

> **TIP**
> 在前视图中创建矩形，是为了便于我们的观察和制作。

02 进入线段子对象层级，选中所有线段并将其分为 4 段，步骤提示效果如图 3-27 所示。

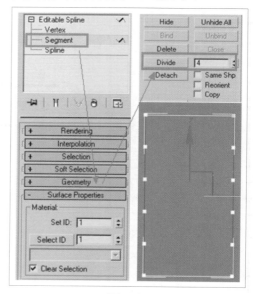

图 3-27

03 切换到左视图，先进入顶点，按快捷键 Ctrl+A 全选所有顶点，然后右击，把点的属性转换为角点，调节椅子的形状，再执行 Fillet（圆角）命令，最后勾选 Enable in Renders（在渲染中启用）复选框其他设置及最终效果如图 3-28 所示。

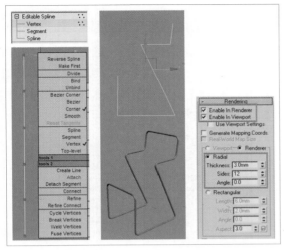

图 3-28

04 绘制椅子坐垫和靠背的轮廓，在样条线〝子对象层级下选择 Outline（轮廓）命令，挤出一定的宽度，效果如图 3-29 所示至此，办公网椅制作完成。

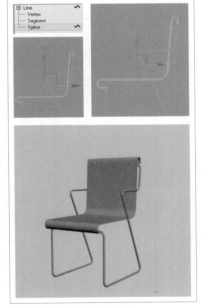

图 3-29

3.2.3 红酒杯的制作

光盘文件: Chapter03\红酒杯.max

01 如图 3-30 所示单击 Line 按钮，画出高脚杯一半的轮廓，再选择 Outline（轮廓）命令，然后删除多余的线段。

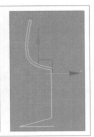

图 3-30

02 在〝顶点〞子对象层级，执行 Fillet（圆角）命令，并调整形体结构，效果如图 3-31 所示。

图 3-31

03 选择左侧的两个点，以 Y 轴为轴心，找出点 1 和点 2，其中点 1 和点 2 的 X 坐标一定要一致，否则容易出现破面和渲染后有黑斑的现象，最后添加 Lathe（车削）修改器，效果如图 3-32 所示。至此，红酒杯制作完成。

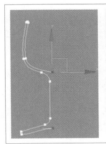

图 3-32

> **TIP**
>
> 我们先框选点 1，把点 1 的 X 坐标复制，粘贴到点 2 的 X 坐标文本框里，然后按空格键，这样点 1 和 2 的 X 坐标就一致了，效果如图 3-33 所示。

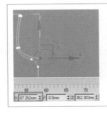

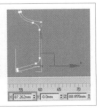

图 3-33

3.3 多边形建模常用命令

本节将主要讲解 Editable Poly（可编辑多边形）对象在顶点、边、边界、多边形、元素各个子对象层级下的常用命令，为以后的高级建模做好知识储备。

Editable Poly 各子对象层级选择界面如图 3-34 所示。

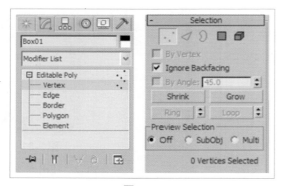

图 3-34

Editable Poly 各子对象的常用命令如表 3-2 所示。

表 3-2

可编辑多边形子对象	常用命令
Vertex（顶点）	Connect（连接）、Cut（分割）、Remove（移除）、Weld（焊接）
Edge（边）	Connect（连接）、Chamfer（切分）、Slice Plane（切片平面）
Border（边界）	Cap（封口）
Polygon（多边形）	Bridge（桥）、Extrude（挤出）Inset（嵌入）Bevel（倒角）Deatch（分离）
Element（元素）	Attach（附加）Detach（分离）

3.3.1 创建咖啡杯和碟子模型

光盘文件：Chapter03\咖啡杯.max

01 单击 Line（线）命令，画出咖啡杯主体一半的轮

廓，注意右侧边沿的点有 4 个，这些是为我们后面的操作做准备的，建立每个点的时候，鼠标都要直接按下，不要有任何拖动，因为那样产生的线段都是直线而不是曲线，效果如图 3-35 所示。

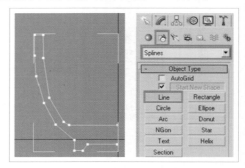

图 3-35

02 为曲线添加 Lathe（车削修改器，进入 Axis（轴）层级，拉动中轴线的位置，使中轴线和茶杯结构的底部中心结构点对齐。然后在参数卷展栏中设置 Segments（分段）为18，这样右侧刚好出现一列被 Y 轴平分的面。车削效果和参数设置如图 3-36 和图 3-37 所示。

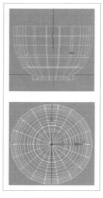

图 3-36   图 3-37

03 选择咖啡杯，右击并选择 Convert to Editable Poly 命令，将其转换为可编辑多边形。然后按 4 键，进入多边形子对象层级，选择前视图正面的 3 个面，如图 3-38 所示。

> **TIP**
>
> 勾选复选框 Ignore Backfacing（忽略背面选择），可以忽略我们看不见的背面，避免操作时出现错误。

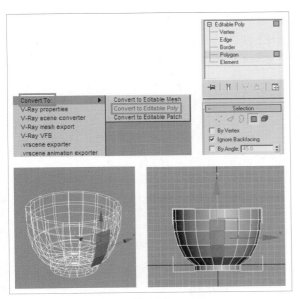

图 3-38

在 Editable Poly 编辑模式下，各个子对象层级对应的快捷键如图 3-39 所示。

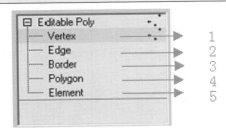

图 3-39

04 单击 Extrude 按钮右侧的方块，在弹出的对话框中选择 Group 单选按钮，并设置挤出数值为 6，如图 3-40 所示。

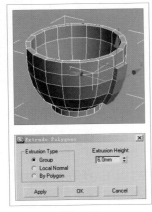

图 3-40

05 按住键盘 Alt 键，单击中间的面将其减选，再使用 Extrude（挤出）命令连续挤出 4 次，如图 3-41 所示。

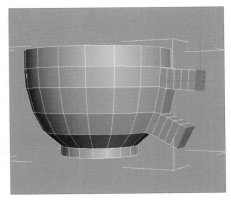

图 3-41

06 按键盘 1 键，进入顶点子对象层级，在前视图中调节各个点的位置，使它们接近一个咖啡杯把的造型，调节完毕后再按键盘 4 键进入面子对象层级，将接近接口的两个面选择后按键盘 Delete 键删除，如图 3-42 所示。

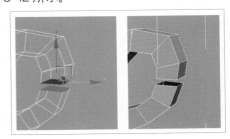

图 3-42

07 按键盘 1 键进入顶点子对象层级，单击目标焊接（Target Weld）按钮将上下底部和杯把接口处的结构点分别焊接，使杯子形成一个闭合的实体，效果如图 3-43 所示。

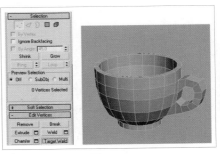

图 3-43

08 为杯子添加一个 Mesh Smooth 修改器，设置 Subdivision Amount 卷展栏中的 Iterations 值为 2，得到一个表面光滑的茶杯，参数设置及效果如图 3-44 所示。

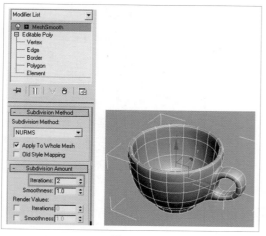

图 3-44

09 碟子的制作也比较简单，在 Front 前视图中先画出碟子边沿的轮廓线，如图 3-45 所示。

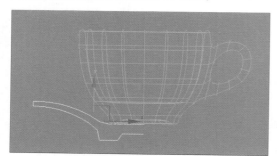

图 3-45

10 按键盘 1 键，在顶点子对象层级下单击 Fillet（圆角）按钮，将生硬的点变得圆滑，如图 3-46 所示。

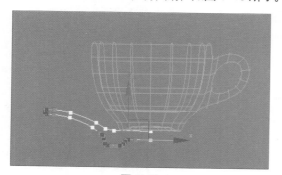

图 3-46

11 选择右侧的点，在修改器列表（Modifier List）中选择 Lathe（车削）修改器，再将 Segments（段数）设置为 40，效果如图 3-47 所示。

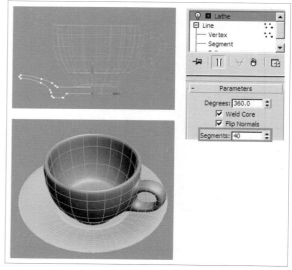

图 3-47

3.3.2 创建门和窗户

01 创建一个平面并将其转换为可编辑多边形，参数设置及效果如图 3-48 所示。

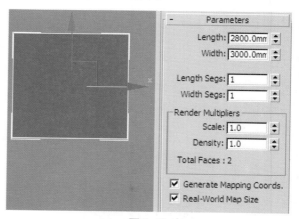

图 3-48

02 按键盘 2 键，进入"线段"子对象层级，先选择上下两条线，Connect（连接），Segments 段数为 2，然后选择中间两条竖线，选择 Connect（连接）Segments（段数）为 1。移动刚连接的线到门的高度，按键盘 4 键，进入面级别，选择 Deatch（分离）分离出门和墙面，这样便于我在后面跟不同的物体赋予不同的材质，选择 Inset（嵌入）设置门框的宽度60mm，删除下面多余的面并将点对齐，如图 3-49和图 3-50 所示。

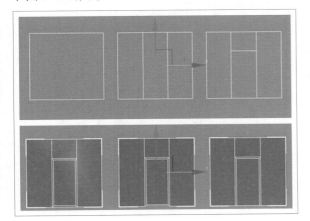

图 3-49

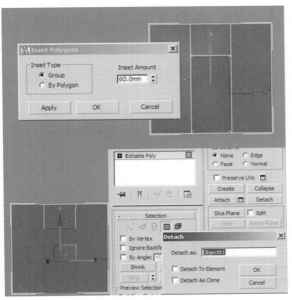

图 3-50

03 把门框向外挤出，把门向里面挤出，然后绘制矩形，把矩形框映射到门上，如图 3-51 所示。

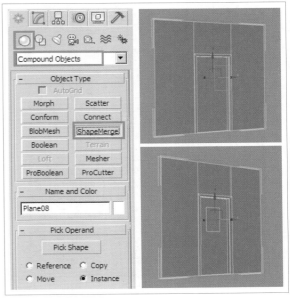

图 3-51

04 先选择门物体，在 compound objects（复合对象）面板菜单下，单击 ShapeMerge（图形合并）按钮，再单击 PickShape（拾取图形）按钮，拾取这些线，将图形映射到物体上，这时可以删除原来的线。

05 转换为 Editable Ploy（编辑模式），按键盘 4 键进入面级别，执行 Bevel（倒角）命令，如图 3-52所示。再次执行 Inset（嵌入）和 Extrude（挤出）命令，完成门上的结构，如图 3-53 所示。

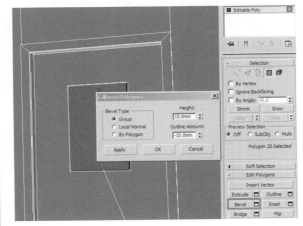

图 3-52

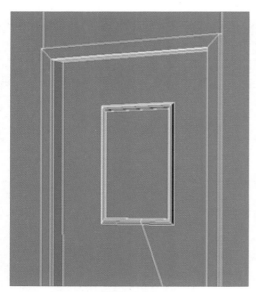

图 3-53

06 按键盘 2 键，进入面级别。先选择结构线，再单击 Loop（循环选择），然后选择 Chamfer Edges（切分）来细化结构，效果如图 3-54 和图 3-55 所示。

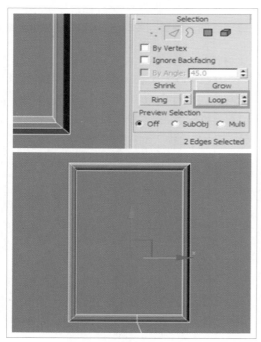

图 3-54

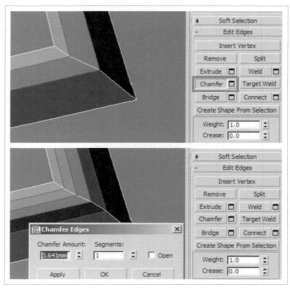

图 3-55

07 选择 Merge（合并）选项，将门把手合并进来，之后移动到合适的位置，整体调整形体结构，效果如图 3-56 和图 3-57 所示。

图 3-56

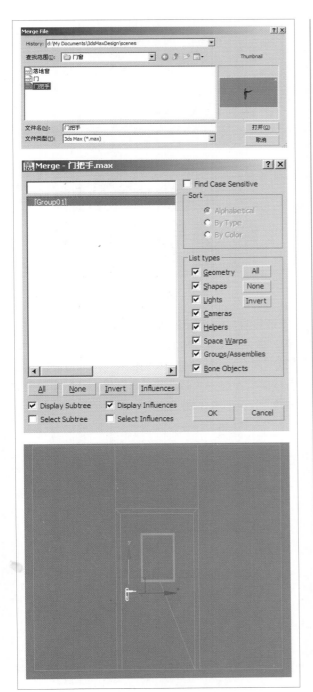

图 3-57

3.3.3 创建窗户

01 在前视图窗口创建 Plane (面板),转换为 Poly (编辑模式),效果如图 3-58 所示。

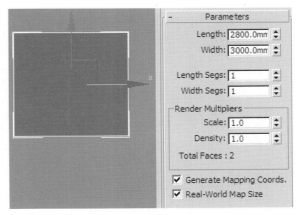

图 3-58

02 按键盘 2 键,进入线段级别,选择上下两条线,选择 Connect (连接) 命令,再按键盘 1 键,进入点级别选择中间的四个点,按键盘 R 键缩放,将物体线沿 X 轴缩放到合适的位置,效果如图 3-59 所示。

图 3-59

03 按键盘 4 键,进入面级别,选择窗户的位置点击 Extrude (挤出) 向外挤出墙的厚度,然后选择 Deatch (分离) 命令,效果如图 3-60 所示。

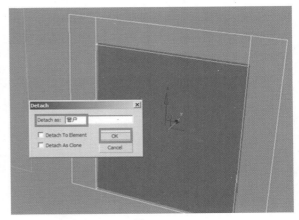

图 3-60

04 按快捷键 Alt+Q 把窗户独立出来。再按键盘 4 键,进入面级别,选择 Inset (嵌入) 命令得出窗框的宽度,如图 3-61 和图 3-62 所示。

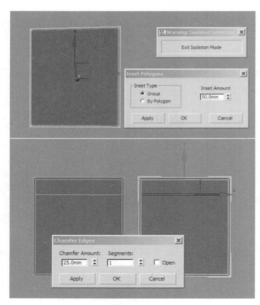

图 3-61

图 3-62

05 按键盘 4 键，进入面级别，选择面的 Extrude（挤出）命令，再选择上面的两个面进行嵌入，然后选 Extrude（挤出）命令，上面的窗户就完成了。而落地窗下面的大窗户是可以在滑动的，先在窗框中间连接一条线，选择一个面往外挤出一个前后关系，再选择前面两个面，这样先嵌入，再挤出，落地窗就制作完成了。效果如图 3-63 和图 3-64 所示。

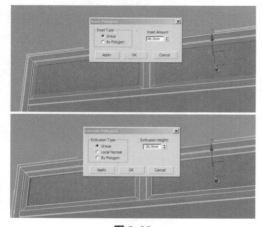

图 3-63

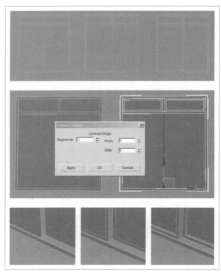

图 3-64

06 选择图 3-65 所示的两条线，执行 Connect（连接）命令，设置 Segment 段数为 1，再将中间的线切分（在 Chamfer edits 对话框操作）成两条线，之后按键盘 4 键进入面级别，选择两边的面向下挤出窗槽，效果如图 3-66 所示。

图 3-65

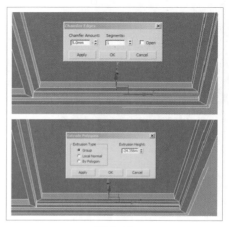

图 3-66

07 对窗户进行细化，选择如图所示的两条线，再选择 Loop（循环选择）命令，然后切分窗框的细节，切分两次，效果如图 3-67 和图 3-68 所示。

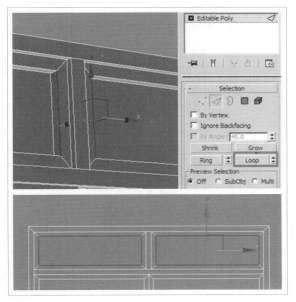

图 3-67

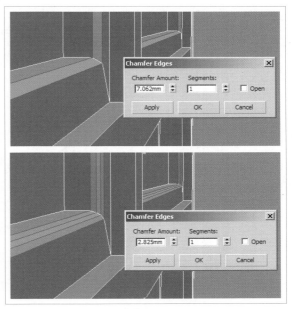

图 3-68

3.4 室内场景制作

3ds Max 中创建室内场景建模的方法很多，这里主要讲 AutoCAD 图形导入。

3.4.1 将 AutoCAD 平面图导入 3ds Max 创建模型

01 首先我们进行 3ds Max 的单位设置，按 T 键转换到顶视图，再按快捷键 Alt+W 进行初步设置，如图 3-69 所示。

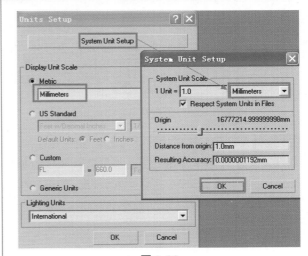

图 3-69

02 导入 AutoCAD 平面图文件，如图 3-70 所示。

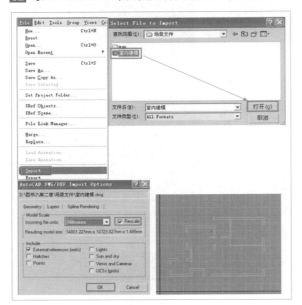

图 3-70

03 顶视图中将坐标归零，效果如图 3-71 所示。

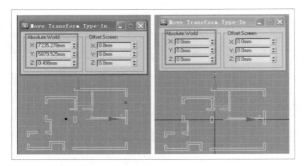

图 3-71

04 按键盘 S 键，选择捕捉项为 2.5，再创建矩形。继续转换为 Splines（编辑模式），然后选择 Refine（加点）在窗户的位置加点，并对其进行捕捉，如图 3-72 所示。

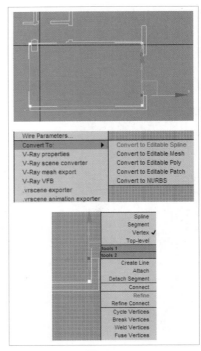

图 3-72

05 将矩形面选中，在 Modifer List 列表中添加 Extrude（挤出），设置 Amount 为 2800，效果如图 3-73 所示。

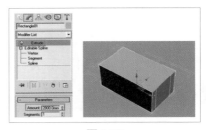

图 3-73

06 选择新建物体，单击右键选择 Convert to Editable（多边形编辑），按键盘 4 键，进入面积别，按快捷键 Ctrl+A（全选），再点击鼠标右键选择 Flip Normals，效果如图 3-74 所示。

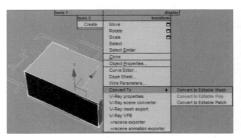

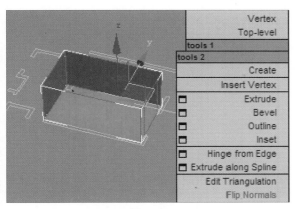

图 3-74

07 按键盘 2 键，进入线子级别来制作窗户，具体制作方法可以参考前面章节落地窗的制作，效果如图 3-75 所示。

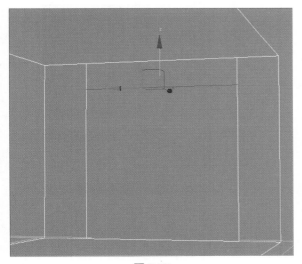

图 3-75

08 吊顶的制作。按键盘 4 键，进入面级别后选择顶面 Inset（嵌入）命令，然后向上挤出两次，再选择灯槽的 4 个面分别向外挤出灯槽的深度，这样简单的吊顶就制作完成了，效果如图 3-76 和图 3-77 所示。

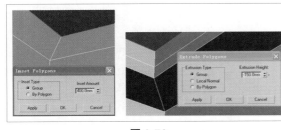

图 3-76

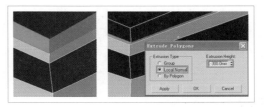

图 3-77

09 制作窗帘槽。按键盘 1 键进入点级别，执行 Cut 命令，切割出一条线，然后把点 1 的 X 轴坐标复制并粘贴到点 2，将点 1 和点 2 的 X 轴坐标对齐，把多余的线移除，另一侧也用同样的方法操作，效果如图 3-78 所示。

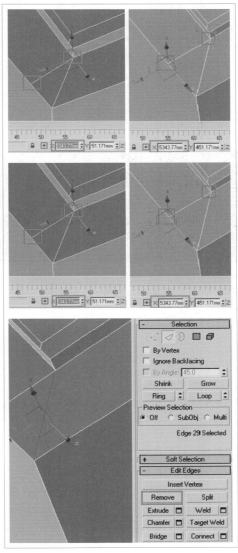

图 3-78

10 接着按键盘 2 键进入线级别，选择 Connect（连接）命令，将线连接一起，之后移动到合适的位置，再按 4 键进入面级别，选择窗帘槽的位置，单击鼠标右键选择 Extrude（挤出），效果如图 3-79 所示。

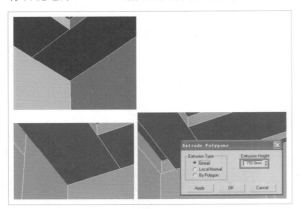

图 3-79

11 制作电视背景墙。先观察 AutoCAD 中电视背景强的立面图，按键盘 2 键，进入线级别，选择 Connect（连接）并确定背景墙的宽度，如图 3-80 所示。

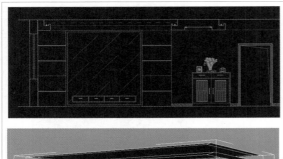

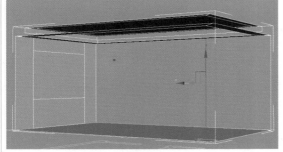

图 3-80

12 连接 Connect 两条竖线，确定镜子的位置，按键盘 4 键，进入面级别，选择 Extrude 向外挤出 50mm，再执行 Inset（嵌入）数值为 50 的命令，随后再向外挤出 50mm，效果如图 3-81 所示。

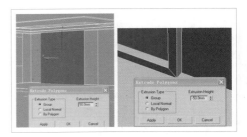

图 3-81

13 接下来选择电视背景墙两侧的线，单击鼠标右键选择 Connect（连接），并调整到合适的位置，再次单击鼠标右键选择 Chamfer（切分）设置数值为 10mm。随后按 4 键进入面级别，选择面 Extrude 命令挤出适当的厚度，电视背景墙就制作完成了，效果如图 3-82 所示。

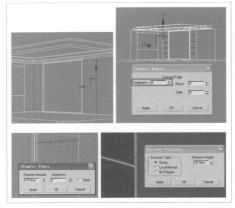

图 3-82

3.4.2 创建沙发背景墙

将沙发背景墙分离出来，便于我们在后面给材质，也可以在制作的时候就把不同材质的物体分离出来，如图 3-83 的效果。

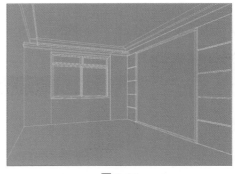

图 3-83

01 按键盘 4 键进入面级别，选择透视窗口中的沙发背景墙，如图 3-84 所示。

图 3-84

02 分离墙面，将模型组件命名为"沙发背景"，如图 3-85 所示。

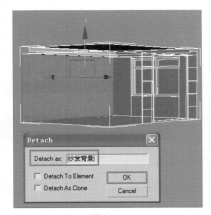

图 3-85

03 再次选择被分离的墙面，从透视视图窗口我们可以看到，沙发背景墙是一个单独的物体，如图 3-86 所示。

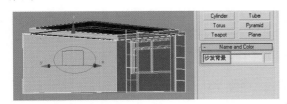

图 3-86

3.4.3 合并模型和整理场景

在基本墙体结构制作完成后，我们导入沙发、电视、茶几、吊灯等模型，来丰富我们的室内空间。

01 按快捷键 T，切换到顶视图，选择 Merge（合并）命令把电视组合合并，将模型复制到场景中来，移动到合适的位置，如图 3-87 所示。

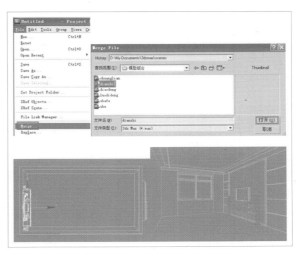

图 3-87

02 按相同方法分别导入、电视组合、沙发组合、吊灯、落地灯、窗帘等其他模型，效果如图 3-88 所示。

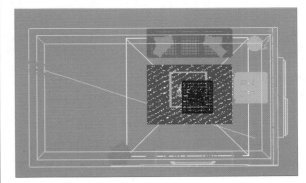

图 3-88

03 创建摄像机，选择适合的角度，如图 3-89 所示为效果演示成果。

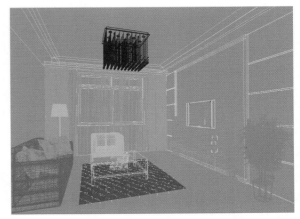

图 3-89

CHAPTER 04

VRay渲染器及材质设置

VRay 渲染器是由 Chaosgroup 和 Asgvis 公司出品，在中国是由曼恒公司负责推广的一款高质量渲染软件为 VRay 1.5 版本。VRay 是目前业界最受欢迎的渲染引擎。VRay 内核开发的有 VRay for 3ds Max、Maya、Sketchup、Rhino 等诸多版本，为不同领域的优秀 3D 建模软件提供了高质量的图片和动画渲染。除此之外，VRay 也可以提供单独的渲染程序，方便使用者渲染各种图片。

📍 **知识点**

本章重点讲解如何指定 VRay 渲染器以及 VRay 渲染器的各种常用设置，在了解 VRay 渲染器的基础上，对室内常用材质进行归纳和整理。

4.1 渲染器种类的简介

Mental Ray（简称 MR）

Mental Ray 是早期出现的两个重量级的渲染器之一（另外一个是 Renderman），为德国 Mental Images 公司的产品。在刚推出的时候，融合在著名的 3D 动画软件 Softima-ge3D 中，作为其内置的渲染引擎。正是凭借着 Mental Ray 高效的速度和质量，Softima-ge3D 一直在好莱坞电影后期制作中作为首选的软件。

Brazil（简称 BR）

2001 年 SplutterFish 在其网站发布了 3ds Max 的渲染插件 Brazil，Brazil 渲染器拥有强大的光线跟踪的折射和反射、全局光照、散焦等功能，渲染效果极其强大。

Brazil 惊人的质量却是以非常慢的渲染速度为代价的，用 Brazil 渲染图片可以说是非常慢的过程，以目前计算机来说，用于渲染动画还不太现实。

但用于产品渲染已是很普及，因为产品本身容量不算大，而且最重要是产品渲染能够强调材质感，高反锯齿等。

finalRender（简称 FR）

2001 年由德国 Cebas 公司出品的 FinalRender 渲染器（FinalRender 又名终极渲染器）。

其渲染效果虽然略逊色于 Brazil，但由于其速度非常快，效果也很高，对于商业市场来说是非常合适的。

FR 相对其他渲染器来说，设置较多，在开始入门的时候可能觉得比较难理解。熟悉后，就知道它的设置分级很具体，可以调节很多不同的细节，其速度比 Brazil 快很多，但还是比 Vray 慢。

VRay（简称 VR）

VRay 渲染器是另外一个著名的 3ds Max 插件公司 Chaosgroup 又推出的最新渲染器，VRay 渲染器以它惊人的渲染速度在短时间内占领了很大的市场份额，VRay 的渲染效果丝毫不逊色于别的大公司所推出的渲染器，而且简单易学。

我们对市面上几大主流渲染器进行了简单的分析和了解后发现，VRay 渲染器是最适合我们的，所以在后面的章节中我们将对 VRay 渲染器进行更深入的学习。

4.2 指定 VRay 为默认渲染器

在安装好 VRay 渲染器后，初次使用时，要在渲染的产品中选择 VRay，并保存，才能将 VRay 设置为默认的渲染器。

启动 3ds Max，按 F10 键弹出渲染器对话框在 Production 右侧单击选项按钮选择 V-Ray Adv1.50.SP4，再单击 OK 按钮，最后单击 Save as Defaults 按钮保存设置，如图 4-1 和图 4-2 所示。

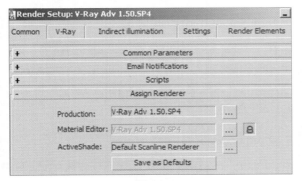

图 4-1

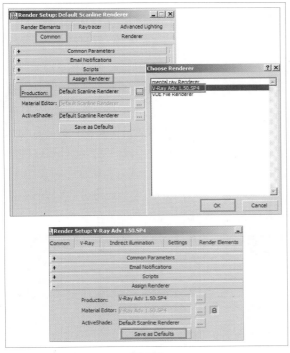

图 4-2

4.3 渲染器常用设置

本节的内容是为了让读者在理解材质和灯光运用的基础上，深入了解 VRay 渲染器参数设置的原理，让我们在工作时间、渲染品质上寻求平衡，提高工作效率。

4.3.1 Global switches（全局转换）

下面介绍 V-Ray∷Global switches（全局转换）卷展栏中的参数。该卷展栏用于控制 VRay 的一些全局参数设置，界面如图 4-3 所示。

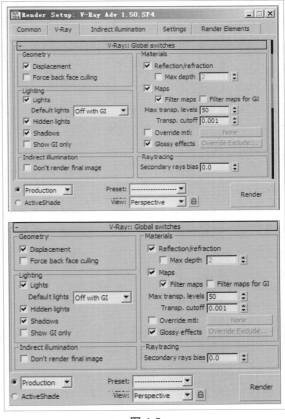

图 4-3

1. Geometry 区域

（1）Displacement（置换）：决定是否使用 VRay 的置换贴图，该选项不会影响 3ds Max 自身的置换贴图。

（2）Force back face culling 忽略物体背面：选中该复选框后，物体的背面将不会遮挡摄像机视图的渲染。

2. Lighting 区域

（1）Lights（灯光）：此命令决定是否使用全局的灯光。该选项是 VRay 场景灯光的总开关（这里的灯光不包含 3ds Max 默认的灯光），如果不选中，系统不会渲染手动设置的任何灯光，即使这些灯光处于打开状态，系统也将自动使用默认灯光渲染场景。如果不希望渲染场景中的直接灯光，可以取消该复选框的选中状态。

（2）Default lights（默认灯光）：决定是否使用 3ds Max 的默认灯光。

（3）Hidden lights（隐藏灯光）：该复选框被选中的时候，系统会渲染隐藏的灯光效果，而不会考虑灯光是否被隐藏。

（4）Shadows（阴影）：决定是否渲染灯光产生的阴影。

（5）Show GI only（仅显示全局光）：选中时直接光照将不包含在最终渲染的图像中，但系统在计算全局光时，直接光照仍然会被计算，而最后只显示间接光照明的效果。

3. Materials 区域

（1）Reflection/refraction（反射/折射）：是否计算 VRay 贴图或材质中光线的反射/折射效果。

（2）Max depth（最大深度）：用于设置 VRay 贴图或材质中反射/折射的最大反弹次数。在不选中的时候，反射/折射的最大反弹次数使用材质或贴图的局部参数来控制。当选中的时候，所有的局部参数设置都将被它所取代。

（3）Maps（贴图）：附在物体上的材质、纹理。

（4）Filter maps（贴图过滤）：是否使用纹理贴图过滤。

（5）Filter maps for GI（全局光贴图过滤）：是否使用全局光纹理贴图过滤。

（6）Maxtransp.levels（最大透明程度）：控制透明物体被光线追踪的最大深度。

（7）Transp.cutoff（透明度中止）：控制对透明物体的追踪何时中止。如果光线透明度的累计低于这个设定的极限值，系统将会停止追踪。

（8）Override mtl（材质替换）：选中该复选框时，表示允许用户使用后面的材质进行渲染。该复选框在调节复杂场景时很有用。如果不指定材质，将自动使用 3ds Max 标准材质的默认值参数来代替。

4. Indirect illumination 区域

Don't render final image（不渲染最终的图像）：选中该命令的时候，VRay 只计算相应的全局光照贴图（光子贴图、灯光缓冲和发光贴图），这对于渲染动画过程很有用。

5. Raytracing 区域

Secondary rays bias（二次光线偏移距离）：设置光线发生二次反弹时的偏置距离。

4.3.2 Image sampler（Antialiasing）[图像采样器（抗锯齿）]

在 VRay 渲染器中，图像采样器是指采样和过滤的一种算法，并产生最终的像素数组来完成图形的渲染。VRay 渲染器提供了几种不同的采样算法，尽管会增加渲染时间，但所有的采样器都支持 3ds Max 标准的抗锯齿过滤计算法。我们可以在 Fixed（固定比率）采样器、Adaptive DMC（自适应 DMC）采样器和 Adaptive subdivision（自适应细分）采样器中根据需要选择一种方法使用，如图 4-4 所示。

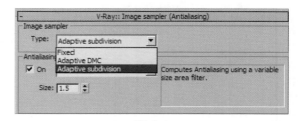

图 4-4

1. Fixed 采样器

这是 VRay 中最简单的采样器，对于每一个像素，它只使用一个固定数量的样本。它只有一个：Subdivs（细分）参数，该值确定每一个像素使用的样本数量。当取值大于1时，将按照低差异的蒙特卡罗序列来产生样本。

2. Adaptive DMC 采样器

该采样器根据每个像素和它相邻像素的亮度差异产生不同数量的样本。值得注意的是，该采样器与VRay的DMC采样器是相关联的，它没有自身的极限控制值，不过我们可以使用VRay的DMC采样器中的Noise Threshold参数来控制量。

对于那些具有大量微小细节或模糊效果（景深、运动模糊）的场景或物体，该采样器是首选。它比下面提到的自适应细分采样器占用的内存要少。

（1）Min Subdivision（最小细分）：定义每个像素使用的样本最小数量。一般情况下设置这个参数不会超过1，除非有一些细小的线条无法准确表现。

（2）Max Subdivision（最大细分）：对于每个像素使用的样本最大数量。

3. Adaptive subdivision 采样器

这是一个具有强大功能的高级采样器，在没有VRay模糊特效（直接GI、景深、运动模糊等）的场景中它是首选。它使用较少的样本（这样就算减少了渲染的时间）就可以达到其他采样器使用较多样本才能够达到的质量，但在具有大量细节或者模糊特效的情形下会比其他两个采样器更慢，图像效果更差。与其他采样器相比，它也会占用更多的内存。

（1）Min.rate（最小比率）：定义每个像素使用的样本的最小数量。值为0表示一个像素使用一个样本，值为-1表示每两个像素使用一个样本，-2表示每4个像素使用一个样本，以此类推。

（2）Max.rate（最大比率）：定义每个像素使用的样本的最大数量。值为0表示一个像素使用一个样本，1表示每个像素使用4个样本，2表示每两个像素使用8个样本，以此类推。

（3）Object Outline（物体轮廓）：选中时可使用采样器强制在物体的边缘进行超级采样，而不管它是否需要进行超级采样。

①对于仅有一点模糊效果的场景或纹理贴图，选择Adaptive subdivision采样器比较好。

②当一个场景具有较高细节的纹理贴图或大量几何细节，而只有少量的模糊特效时，选用Adaptive DMC采样器比较好，特别是这种场景需要渲染动画时，可以避免画面的抖动。

③对于具有大量的模糊特效或高细节的纹理贴图的场景，使用Fixed rate采样器是兼顾图像质量和渲染时间的最佳选择。

④VRay除了不支持Plate Match类型外，它支持所有3ds Max的内置的Antialiasing filter（抗锯齿过滤器），所有过滤形式如图4-5所示。

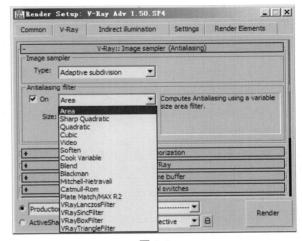

图 4-5

4.3.3 Indirect illumination（GI）[间接光照（全局光照）]

V-Ray：Indirect illumination（GI）[间接光照（全局光照）]卷展栏是VRay渲染的核心部分，可以用它打开全局光照效果。全局光照引擎也可以在这里选择，不同的场景材质对应相应的运算引擎，正确地设置可以使全局光照计算速度更加合理，使渲染效果更加出色，如图4-6所示。

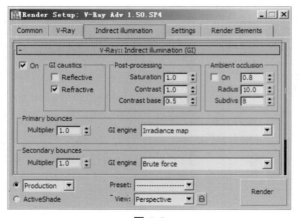

图 4-6

该卷展栏中的单选框中 On 参数决定是否计算场景中的间接光照明，其他区域各参数如下。

1. GI caustics（全局光焦散）区域

全局光焦散可以由天光、自发光物体等产生，但是由直接光照产生的焦散不受这里的参数控制。我们可以使用单独的 Caustics（焦散）卷展栏参数来控制直接光照的焦散。

（1）**Reflective（反射）**：间接光照射到镜面表面时会产生反射焦散。默认情况下它是关闭的，因为它对最终的 GI 计算影响很小，而且还会产生一些噪波。

（2）**Refractive（折射）**：间接穿过透明物体（如玻璃）时会产生折射焦散。重要的是这与直接光穿过透明物体而产生的焦散是不一样的。

2. Post-processing（后加工）区域

这里主要是对间接光照明在增加到最终渲染图像前进行额外的修正。这些默认的设定值可以确保渲染物体时产生物理精度效果，当然，我们是可以根据自己的需要对其进行调节的。在这里建议大家一般情况下使用默认参数值。

3. Primary bounces（初级反弹）区域

在 VRay 中，间接光照明通过两方面来控制，即 Primary bounces（初级漫反射反弹）和 Secondary bounces（次级漫反射反弹）。当一个点在摄像机中可见或者光线穿过其反弹/反射表面的时候，就会产生初级漫反射反弹；当点包含在 GI 计算中的时候，

就会产生次级漫反射反弹，如图 4-7 所示的对话框。

Primary bounces 就是光线照射在物体上产生的第一次光子反射，下面介绍一下与它相关的数值等信息。

（1）**Multiplier（倍增值）**：该参数决定为最终渲染图像提供多少初级漫反射反弹，默认的取值 1 可以得到一个最到位的效果。

（2）**GI engine（初级 GI 引擎）**：在下拉列表中可为初级漫反射反弹选择一种 GI 渲染引擎。

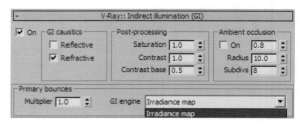

图 4-7

4. Secondary bounces（次级反弹）区域

（1）**Multiplier（倍增值）**：确定在场景照明计算中次级漫射反弹的效果。默认值为 1 时可以得到一个很准确的效果。

（2）**GI engine（次级 GI 引擎）**：在下拉列表中我们可以为次级漫反射反弹选择一种 GI 渲染引擎。

5. GI engine（GI 渲染引擎）

（1）**Irradiance map（发光贴图）**：该引擎表示在计算场景中物体漫反射表面发光时会采取一种有效的贴图来处理画面，其优点如下。

①发光贴图的运算速度非常快。

②噪波效果简洁明快。

③可以重复利用保存的发光贴图，用于其他镜头中。但该方法也有不足之处，主要表现在：

①在间接照明过程中会损失一些细节。

②如果 Multiplier 数值较小，渲染动画时会有些闪烁，会导致电脑硬盘内存的额外损耗。

③使用间接照明计算运动模糊时，画面会产生噪波，影响画质。

（2）**Phooton map（光子贴图）**：这种方法对于存在

大量灯光或较少窗户的室内或半封闭场景来说是较好的选择。如果直接使用，通常并不会产生足够好的效果，但它可以作为场景中灯光的近似值来计算，从而加速使用发光贴图过程中的间接照明计算过程。其优点如下。

①可以非常快速地产生场景中的灯光近似值。

②与发光贴图一样，光子贴图也可以被保存或者被重新调用，特别是在渲染不同视角的图像或动画的过程中，它可以加快渲染速度，其不足之处表现在：

①使用时一般没有一个明显的效果。

②需要占用额外的电脑内存。

③在计算过程中运动物体的间接照明计算有时并不完全正确。

④需要真实的灯光来参与计算，无法对环境光（如天光）产生的间接照明进行计算。

(3) Brute force (强力反弹)：这个功能在计算场景中物体模糊反射表面时速度会慢一些，其优点如下。

①发光贴图运算速度快。

②模糊反射效果很好。

③对于景深和运动模糊的运算效果较快。

而它的缺点也是我们需要了解的，大致分为两点。

①在计算间接照明时会比较慢。

②如果使用了较高的设置，渲染效果会较慢。

(4) Light cache (灯光缓存)：这是一种近似于实际市场中全局光照明的技术，与光子贴图类似，但没有其他的局限性。灯光缓存是一种通用的全局光照解决方案，广泛地用于室内和室外场景的渲染计算。它可以直接使用，也可以被用于使用发光贴图或直接计算时的光线二次反弹计算，其优点如下。

①灯光缓存和设置只需要追踪摄像机可见的光线。这一点与光子贴图相反，后者需要处理场景中的每一盏灯光，通常还需要对每一盏灯光单独设置参数。

②灯光缓存的灯光类型没有局限性，几乎支持所有类型的灯光（包括天光、自发光、光度学灯光等，当然前提是 VRay 渲染器支持这些灯光类型）。

③灯光缓存对于细小物体的周边和角落可以产生优化的效果。

④在大多数情况下，灯光缓存可以直接、快速、平滑地显示场景中灯光的效果，但此方法的不足之处表现在：

①目前灯光缓存仅支持 VRay 的材质。

②和光子贴图一样，灯光缓存也不能自适应，发光贴图则可以计算我们定义的固定分辨率。

③灯光缓存对贴图类型（bump）支持不够好，如果我们想使用贴图来达到一个好的效果，一般选用发光贴图或直接计算 GI 类型。

④灯光缓存也不能完全正确计算运动模糊中的运动物体。

4.3.4 GI 渲染引擎设置

在间接照明开启后，首次反弹和第二次反弹分别都给我们提供了四种 GI 渲染引擎：Irradiance map（发光贴图渲染引擎）、Photon map（光子贴图渲染引擎）、Light cache（灯光缓存）、Qusi-Monte Carlo（准蒙特卡罗渲染引擎），下面我们一一详解。

● Irradiance map（发光贴图渲染引擎）设置

V-Ray∷Irradiance map 卷展栏可以调节发光贴图的各项参数，该卷展栏只有在发光贴图被指定为当前首次漫反射反弹引擎时才能被激活，如图 4-8 所示。

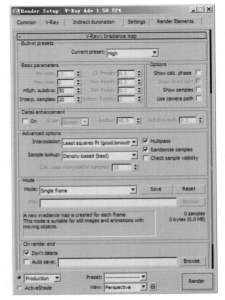

图 4-8

1. Built-in presets（内置预设）区域

该区域的 Current preset 渲染当前预设下拉列表提供了 8 个系统预设的渲染模式。

（1）Custom（自定义）：选择该模式可以根据自己的需要设置不同的参数，这也是默认的选项。

（2）Very low（非常低）：该预设模式仅对预览目的有用，只表现场景中的普通照明。

（3）Low（低）：一种低质量的用于预览的预设模式。

（4）Medium（中等）：一种中等质量的预览模式。如果场景中不需要表现太多的细节，大多数情况下可以产生较好的效果。

（5）Medium-animation（中等动画）：一种中等质量的预设动画模式，可减少动画中的闪烁。

（6）High（高）：一种高质量的预设模式，大多数情况下均可使用该模式，即使是具有大量细节的动画。

（7）High-animation（高动画）：主要用于解决高预设模式下渲染动画闪烁的问题。

（8）Very High（非常高）：一种极高质量的预设模式，一般用于有大量极细小的细节或极复杂的场景中。

2. Basic parameters（基本参数）区域

（1）Min rate（最小比率）：该参数确定 GI 首次传递的分辨率。

（2）Max rate（最大比率）：该参数确定 GI 传递的最终分辨率，如果 Max rate 小于 Min rate，则不会产生光能传递的效果。

（3）HSph.subdivs（半球细分）：该参数决定单独的 GI 样本质量，较小的取值可以获得较快的速度，但渲染后的图片可能会产生黑斑。数值越大，图像越平滑。在使用中半球细分并不代表被追踪光线的实际数量，光线的实际数量接近于参数的平均值，并受 DMC 采样器相关参数的控制。

（4）Interp.samples（插值样本）：定义被用于插值计算的 GI 的细节，虽然最终效果的细节很光滑的，但也可能会产生黑斑。

（5）Clr thresh（颜色阈值）：该参数确定发光贴图算法对间接照明变化的敏感程度。较大的值表示较小的敏感度。

（6）Nrm thresh（法线阈值）：该参数确定发光贴图算法对表面法线变化的敏感程度。

（7）Dist thresh（距离阈值）：该参数确定发光贴图算法对两个表面距离变化的敏感程度。

3. Options（选项）区域

（1）Show calc.phase（显示计算状态）：勾选该复选框，VRay 在计算发光贴图时将显示发光贴图的传递，同时会减慢渲染计算速度，特别是在渲染较大图像时。

（2）Show direct light（显示直接照明）：只在 Show calc.phase 被选中的时候才能被激活，它将促使 VRay 在计算发光贴图时显示直接照明。

（3）Show samples（显示样本）：勾选它时，VRay 将在 VFB 窗口以小圆点的形态直观地显示发光贴图中使用的样本情况。

4. Advanced options（高级选项）区域

（1）Interpolation（插补类型）：该下拉列表提供了 4 种插补类型，即 Weighted average (good/robust)、Least squares fit (good/smooth)、Delone triangulation (good/exact) 和 Least squares w/Voronoi weights。如图 4-9 所示。

图 4-9

① Weighted average（加权平均值）：该值用于设置发光贴图中 GI 样本点到插补点的距离与法向差异进行简单的混合。

② Least squares fit（最小平方适配）：这是默认的设置类型，它将计算一个在发光贴图样本之间最合适的 GI 值，可以产生比加权平均值更平滑的效果，同时渲染速度会变慢。

③ Delone triangulation（三角测量法）：几乎所有其他的插补方法都有模糊效果，确切地说它们都趋向于模糊间接照明中的细节，同样都有密度偏置

的倾向。而不同的是，Delone triangulation 不会产生模糊效果，它可以保护场景细节，避免产生密度偏置。但也由于它没有模糊效果，看上去会产生更多的噪波。使用中为了得到充分的细节，可能需要更多的样本，可以通过增加发光贴图的半球细分值或最小 DMC 采样器中的噪波临界值来完成。

④ Least squares w/Voronoi weights（最小平方加权法）：这种方法是对最小平方适应配方法缺点的修正，它的渲染速度相当缓慢，不建议采用。

各种插补类型都有它们自己的用途，比如最小平方适配可以使画面产生模糊效果，也可以得到光滑的效果，对具有较大的光滑平面的场景来说是很适合的。三角测量法是一种更精确的插补方法，一般情况下需要设置较大的半球细分值和较高的最大比率值（发光贴图），因此也需要更长的渲染时间。三角测量类型在渲染精细度要求比较高的图像（具有大量细节的场景中）时比较有用。

（2）Sample lookup（样本查找）：该下拉列表的各项都用在渲染过程中，它决定发光贴图中使用样本，以及发光贴图中被用于插补点的选择方法，系统提供了 4 种方法供选择，参数如图 4-10 所示。

图 4-10

① Quad-balanced（最靠近四平方衡）：针对 Nearest 方法产生密度偏置的一种补充。它把插补点在空间上划分成 4 个区域，并在它们之间寻找相等数量的样本。它比简单的 Nearest 方法要慢，但画面效果要好很多，其缺点体现在查找样本的过程中，可能会拾取远处与插补点相关的样本。

② Nearest（最靠近的）：这种方法将简单地选择发光贴图中那些最靠近插补点的样本，这是一种最快的查找方法，该方法的缺点是当发光贴图中某些地方样本密度发生改变时，它将在高密度区域选取更多的样本数量。

③ Overlapping（预先计算的重叠）：这种方法是为了解决上面介绍的两种方法的缺点而存在的。它需要对发光贴图的样本有一个预先处理的步骤，也就是对每一个样本进行影响半径的计算。当在任意点进行插补时，将会选择周围影响半径范围内的所有样本。其优点是在使用模糊插补方法时产生连续的平滑效果，而且它比另外两种方法的渲染要快速得多。

④ Density-based（密度基础）：它是 4 种方法中效果最好的，也是速度最快的。

在这里 Nearest 的渲染速度是 4 种方法中最快的，但大多数时候只用于预览，Quad-balanced 和 Overlapping 在大多数情况下可以用于最终渲染，Density-based 是 4 种方法中效果最好的。

（3）Calc.pass interpolation samples（计算机传递插补样本）：在发光贴图计算过程中使用，它描述的是已经被采样算法计算的样本数量。较好的取值范围是 10~25，较低的数值可以加快计算传递，但会导致信息存储不足，如果设置较高的取值渲染速度就会减慢，增加更多的附加采样。

（4）Multipass（倍增过程）：在发光贴图计算过程中使用，选中时将使 VRay 发光贴图二次反射增强。

（5）Randomize samples（随机样本）：在发光贴图计算过程中使用，激活该选项时图样本将随机放置，关闭时将在屏幕上产生排列成网格的样本。

（6）Check sample visibility（检查样本可见性）：在渲染过程中，VRay 仅使用在发光贴图中的样本，样本在插补点直接可见，它可以有效防止灯光穿透两面接受完全不同照明的薄壁物体时产生的漏光现象。由于 VRay 要追踪附加的光线来确定样本的可见性，所以它的渲染速度会减慢。

5. Mode（模式）区域

该区域允许我们选择使用发光贴图，如图 4-11 所示 Mode 下拉列表中的选项。

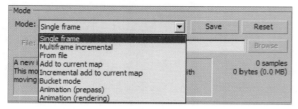

图 4-11

（1）Single frame（单帧）：默认的模式。这种模式针对整个图像计算单一的发光贴图，每一帧都计算新的发光贴图，在分布式渲染时，每一个渲染服务器都各自计算它们自己针对图像的发光贴图，这是渲染移动物体的动画时采用的模式。

（2）Multiframe incremental（多重帧增加）：这个模式在渲染摄像机移动是帧序列时很有用。VRay 将会为第一个渲染帧计算一个新的全图像的发光贴图，而对于剩下的渲染帧，会设法重新使用或优化已经计算了的存在的发光贴图。如果发光贴图具有足够高的质量，也可以避免图像闪烁。另外，该模式也能够用于网络渲染。

（3）From file（从文件）：使用这种模式，在渲染序列的开始帧，VRay 简单地导入一个已有发光贴图，并在动画的所有帧中都用这个发光贴图，而且整个渲染过程中都不会计算新的发光贴图。

（4）Add to current map（增加到当前贴图）：在这种模式下，VRay 将计算全新的发光贴图，并把它增加到内存中已经存在的贴图中。

（5）Incremental add to current map（增加到当前贴图）：在这种模式下，VRay 对内存中已存在的贴图，仅仅在没有足够细节的地方对其进行优化。

（6）Bucket mode（块模式）：在这种模式下，一个分散的发光贴图被运用在每一个渲染区域（渲染块）。这在使用分布式渲染的情况下尤其适用，因为它允许发光贴图在几台计算机之间进行计算。而与 Single flame 模式相比，块模式渲染速度可能会有点慢，因为相邻两个区域的边界周围的边都要进行计算。

➤ 在选择 From file 模式时，单击 Browse 按钮可以从硬盘上选择一个发光贴图文件导入。

➤ 单击 Save 按钮将保存当前计算的发光贴图到内存中已经存在的发光贴图文件中，前提是先勾选 On render end 区域中的 Don′t delete 复选框，否则 VRay 会自动在渲染任务完成后删除内存中的发光贴图。单击 Reset 按钮可以清除存储在内存中的发光贴图。

6. On render end（渲染结束）区域

该区域用于控制 VRay 渲染器在渲染过程结束后如何处理发光贴图，其参数如图 4-12 所示。

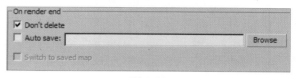

图 4-12

（1）Don′t delete（不删除）：复选框默认是激活的，直到下一次渲染前表示发光贴图将是保存在内存中，如果未激活它，VRay 会在渲染任务完成后删除内存中的发光贴图。

（2）Auto save（自动保存）：勾选该复选框后，在渲染结束，VRay 会将发光贴图文件自动保存到我们指定的目录，如果希望在网络渲染时每一个渲染服务器都使用同样的发光贴图，该功能非常适用。

（3）Switch to saved map（切换到保存的贴图）：该复选框只有在自动保存激活时才能被激活，选中它的时候，VRay 渲染器也会自动设置发光贴图为"From file"模式。

◉ Photon map（光子贴图渲染引擎）设置

光子贴图类似于发光贴图命令，它也用于表现场景中的灯光，是一个三维空间的集合，但光子贴图的产生使用了一种特殊的方法，它是建立在追踪场景中光源发射的光线微粒（即光子）的基础上的，这些光子在场景中来回反弹，撞击各种不同的表面，而这些碰撞点被存储在光子贴图中，如图 4-13 界面介绍。

光子贴图和发光贴图不同，对于发光贴图，混合临近的 GI 样本通常采用简单的插补，而对于光子贴图，则需要一个特定的光子密度计算程序。密度计算是光子贴图的核心，VRay 可以使用几种不同的方法来完成光子的密度计算。而每一种方法都有它各自的优点和缺点，一般说来，这些方法都是建立在光子基础上的。尤其是在具有大量细节的场景中。发光贴图是自适应性的，而光子贴图则不是，光子贴图的主要缺陷是会产生边界黑斑，这种边界黑斑效果大多数时候表现在角落周围和物体的边缘，比实际场景要暗。虽然发光贴图也会出现这种边界黑斑，但它的自适应功能会大大减轻这种效果。光子贴图的另一个缺点是无法模拟天光的照明。这是因为光子需要一个真实存在的表面才能发射。

另一方面，光子贴图也是视角独立的，能被快速的计算。当与其他更精确的场景照明计算方法（如直接照明计算或发光贴图）结合在一起时，可以得到相当完美的效果。而光子贴图的形成也受到场景中灯光的光子设置的制约，具体内容将在后面的实例中详细介绍。

光子贴图和发光贴图这类技术虽然好用，但渲染动画或大幅图像之类的工作时就吃力了。由于渲染速度太慢，此时需要使用网络渲染技术进行。Photon map（光子贴图）技术目前还不太成熟，我们基本上不使用它，这里就不再讲述了。

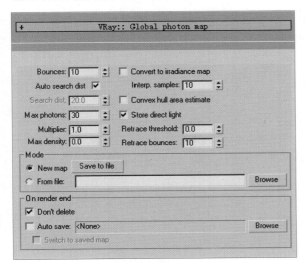

图 4-13

● Light cache（灯光缓冲渲染引擎）设置

只有在 VRay 的 Indirect illumination[GI] 卷展栏的 GI engine 下拉列表中选择了 Light cache 渲染引擎后，V-Ray∷Light cache 卷展栏才显示出来。Light cache 是 4 个渲染引擎中最后开发出来的，用它结合 Irradiance map 渲染引擎比 Irradiance map 和 Quasi-Monte Carlo 两个渲染引擎计算速度提高好几倍，而且也能得到令人满意的效果，如图 4-14 所示 V-Ray∷Light cache 卷展栏项目。

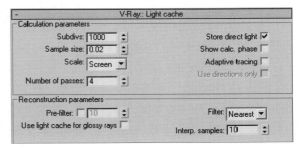

图 4-14

接下来介绍一下 Light cache 引擎的参数。

1. Calculation parameters（计算参数）区域

（1）Subdivs（细分）：设置灯光效果的细腻程度（确定有多少来自摄像机的路径被追踪），一般开始作图时将其设置为 100 进行快速渲染测试，正式渲染时设置为 1000~1500。

（2）Sample size（样本尺寸）：决定灯光缓冲中样本的间隔，设置较小的数值表示样本之间相互距离较近，灯光缓冲将保护灯光锐利的细节，不会导致产生噪波，并且占用较多的内存，反之亦然。根据灯光缓冲模式的不同，该参数可以使用世界单位，也可以使用相对图像的尺寸。该参数设置越小，画面越细腻，一般情况下正式出图设置为 0.01 以下。

（3）Scale（单位依据）：该下拉列表中有 Screen 和 World 两个选项，主要用于确定样本尺寸和过滤器尺寸。

① Screen（场景比例）：该比例是按照最终渲染图像的尺寸来确定的，取值为 1 时表示样本比例和整个图像一样大，靠近摄像机的样本比例较小，而远离摄像机的样本比例较大。这个比例并不依赖于图像分辨率。除此之外该参数适合于静帧场景和每一帧都需要计算灯光缓冲的动画场景。

② World（世界单位）：该选项表示在场景中的任何一个地方都使用固定的世界单位，也会影响样本的品质。靠近摄像机的样本会经常被采用，也会显得更平滑，反之则相反。当渲染动画时，使用该选项可能会产生更好的效果，因为它会在场景的任何地方强制使用恒定的样本密度。

（4）Store direct light（**存储直接光照**）：在光子贴图渲染引擎中同时保留直接照明的相关信息。该选项卡对于有多个灯光和使用发光贴图渲染引擎或直接用 GI 作为初级反弹的场景特别有用，因为直接光照包含在灯光缓冲渲染引擎中，而不需要对每一个灯光进行采样。不过要注意的是，只有场景中灯光产生的漫反射照明才能被保存。假设我们想使用灯光缓冲来计算 GI，同时又想保持直接光的锐利，就不要勾选该复选框。

（5）Show calc.phase（**显示计算状态**）：勾选该复选框时，VRay 在计算灯光缓冲时将显示光传效果。

（6）Adaptive tracing（**自适应追踪路径**）：虽然使用 Adaptive tracing 会比默认的方式占用更多的内存，但在一些场景中（比如有 GI 焦散的场景）使用它会让渲染速度更快，且效果更好、更平滑。

（7）Use directions only（**只作用于直接光照**）：该选项表示灯光缓冲渲染引擎仅对直接光照信息进行显示。

（8）Number of passes（**计算次数**）：该选项表示灯光缓冲计算的次数，如果我们电脑配置中的 CPU 不是双核或没有超线程技术，建议把这个值设为 1，才能得到最好的结果。

2. Reconstruction parameters（优化参数）区域

（1）Pre—filter（**预过滤器**）：选中该选项的时候，在渲染前灯光缓冲中的样本会被提前过滤。它与下面将要介绍的灯光缓冲的过滤是不一样的，灯光缓冲的过滤是在渲染中进行的，而预过滤的工作流程是依次检查每一个样本，如果需要就修改它，以便达到附近样本数量的平均水平。更多的预过滤样本将产生较多模糊和较少噪波的灯光缓冲，一旦新的灯光缓冲从硬盘上导入或被重新计算，预过滤就会被计算。

（2）Filter（**过滤器**）：该选项用于确定灯光缓冲渲染引擎在渲染过程中使用的过滤器类型。过滤器会确定在灯光缓冲中以内插值替换的样本是如何发光的。下面介绍一下 3 种过滤器的作用。

① None（没有）：不使用过滤器，在这种情况下，最靠近着色点（shaded point）的样本被当作发光值使用，但如果灯光缓冲中具有较多的噪波，那么在被渲染对象的拐角附近可能会产生斑点，此时我们可以使用上面提到的预过滤来减少噪波。如果灯光缓冲仅仅被用于测试或者只为次级反弹使用，这也是最好的选择。

② Nearest（最靠近的）：过滤器会搜寻最靠近着色点的样本，并取它们的平均值。在使用灯光缓冲作为次级反弹时它是有作用的，它还可以自适应灯光缓冲的样本密度，并且几乎是以一个恒定的常量被计算的。灯光缓冲中是否搜寻最靠近的样本是由插补样本参数值来决定的。

③ Fixed（固定的）：过滤器会搜寻距离着色点的某一确定距离内的灯光缓冲包括的所有样本，并取它们的平均值。它可以产生比较平滑的图像效果，其搜寻距离是由过滤尺寸参数决定的，一般较大的取值是样本尺寸的 2~6 倍。

（3）Use Light Cache for glossy rays：打开后会让灯光缓存行业光泽效果一同进行计算，这样有助于加速光泽反射效果，选择后会有微弱的变化。

（4）如果电脑 CPU 不是双核，建议设置该参数为 1。

（5）其他参数选项对渲染影响意义不大，这里就不再叙述。

3. Environment（环境）设置

V-Ray∷Environment 卷展栏的功能是在 GI 和

反射 / 折射计算中为环境指定颜色或贴图，参数如图 4-15 所示。

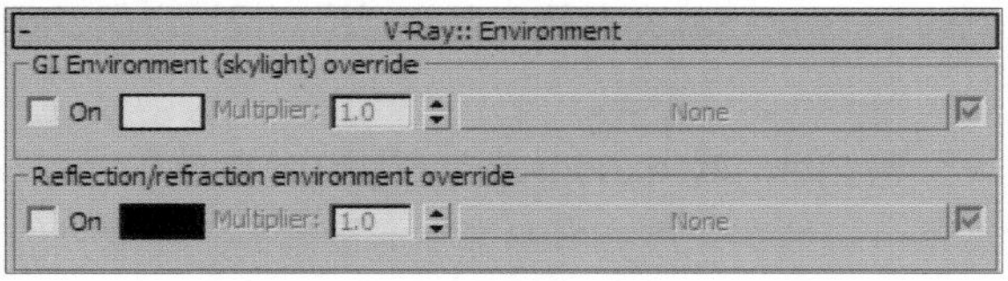

V-Ray:: Environment
GI Environment (skylight) override
On   Multiplier: 1.0   None
Reflection/refraction environment override
On   Multiplier: 1.0   None

图 4-15

下面介绍环境设置的参数。

(1) GI Environment (skylight) override [环境（天光）] 区域：GI Environment (Skylight) override 区域可以在计算间接照明时替代 3ds Max 的环境设置，这种改变 GI 环境的效果类似于场景中使用天光。

① On（打开）：只有在该复选框被选中后，其下的参数才会被激活，在计算 GI 的过程中，VRay 才能使用指定的环境颜色或纹理贴图，如果没有勾选它系统将会使用 3ds Max 默认的环境设置参数。

②拾色器▢▢▢：允许指定的背景颜色（即天光的颜色）。

③ Multiplier(倍增值)：设置天空颜色的亮度倍增值。

(2) Reflection/Refaction Environment override 区域：在计算反射 / 折射时替代 3ds Max 自身的环境设置，也可以选择在每一个材质或贴图的基础设置部分来替代 3ds Max 的反射 / 折射环境。

● DMC Sampler（准蒙特卡罗采样器）设置

所谓 DMC，它可以说是 VRay 的核心，贯穿于 VRay 的每一种“模糊”计算中（抗锯齿、景深、间接照明、面积灯光、模糊反射 / 折射、半透明运动模糊等）。DMC 采样一般用于确定获取什么样的样本，最终有哪些样本被光线追踪。

与那些任意一个“模糊”计算使用分散的采样方法不同的是，VRay 根据一个特定的值，使用一种独特、统一的标准框架确定精确的样本并将其获取，该标准框架就是 DMC 采样器。

(1) 样本的实际数量是根据下面三个因素来决定的。

①由我们指定特殊模糊效果的细分值（Subdivs）提供。

②计算效果的最终图像采样。例如，较暗的、平滑的反射需要的样本数比明亮的要少，其原因是最终的效果中反射效果相对较弱；远处面积需要的灯在样本数量方面比近处的要少。这种基于实际使用的样本数量来计算最终效果的技术被称为“重要性采样”。

③从一个特定的值获得的样本的差异。如果那些样本彼此之间有相同之处，那么可以使用较少的样本来计算；如果是完全不同的，为了得到好的效果，就必须使用较多的样本来计算，在每一次新的采样后，VRay 都会对每一个样本进行计算，然后决定是否继续采样。如果系统认为已经到达了我们设定的效果，会自动停止采样，这种技术被称为“早期性终止”。

(2) 接下来了解一下 VRay 渲染器中 DMC 采样的工作流程，在任何时候，VRay 渲染模糊效果都包含两个部分。

①能够获得最大样本数量。这一部分受相对应的模糊效果的细分参数来控制调节。为了下面讲解方便，我们称这个样本数量为 N。

②为了完成预定渲染效果，必须达到的最小样本数量。正如下面的 Min samples 参数描述的，不仅取决于采样数量和最终结果评估效果，还取决于自适应早期性终止的数量，我们称之为“M”。这也是 VRay 计算产生模糊效果需要的实际样本的 M 值。

对于残留的 N 至 M 个样本中的单体，VRay 会考虑当时存在的效果，并判断是否已经达到需要，这里相关的参数选项是“Noise threshold”噪波阈值。如果 VRay 断定效果已经足够达到了我们的需要，或者说在计算所有的 N 值以后，最终的模糊评估会被计算出来，并进入下一步程序。

(3) 下面介绍 V-Ray∶∶DMC Sampler 卷展栏中的参数设置，如图 4-16 所示。

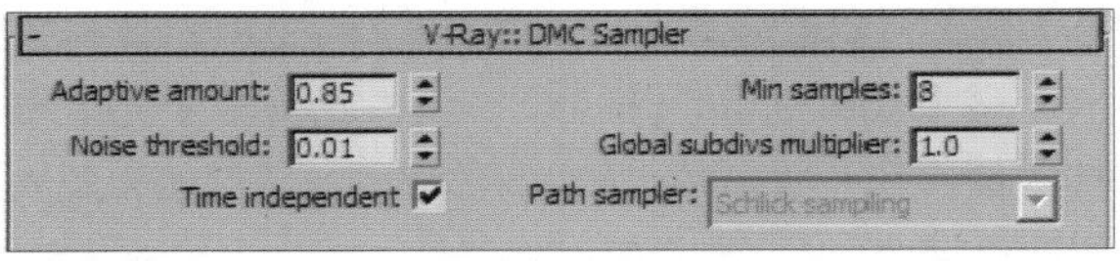

V-Ray:: DMC Sampler
Adaptive amount: 0.85   Min samples: 8
Noise threshold: 0.01   Global subdivs multiplier: 1.0
Time independent ✔   Path sampler: Schlick sampling

图 4-16

① Adaptive amount（自适应数量）：用于控制重要性的采样使用的范围。当默认取值是 1 时，它表示在尽可能大的范围内采样，0 则表示不进行重要性采样。换句话说，样本的数量会与计算结果相一致。减小该值会减慢渲染速度，但同时会降低噪波和黑斑。

② Noise threshold（噪波阈值）：在计算一种模糊效果是否足够好时，控制 VRay 的判断能力，在最后的结果中直接转化为噪波。较小的取值表示较少的噪波，并使用更多的样本以及更好的图像质量。

③ M in samples（最小样本数）：确定在早期终止算法之前必须获得的最小样本数量。其中较高的取值将会减慢渲染速度，但同时会使早期终止算法更可靠。

④ Global subdivs multiplier（全局细分倍增）：在渲染过程中，该选项会倍增任何参数的细分值，我们可以使用这些参数来快速增加或减少任何地方的采样质量，在使用 DMC 采样器的过程中，可以将它作为全局的采样质量控制器。

● Color mapping（彩色贴图）设置

Color mapping（彩色贴图）参数卷展栏如图 4-17 所示。

（1）Type（类型）：定义彩色转换使用的类型，有 7 种类型供使用者选择，如图 4-17 所示。

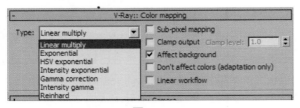

图 4-17

① Linear multiply（线性倍增）：该模式将基于最终图像色彩的亮度来进行简单的倍增，那些太亮的颜色分层（在 1~255 之间）将会被限制，但该模式可能会导致靠近光源的点过分明亮。

② Exponential（指数）：该模式将基于亮度来使图像饱和，这对防止非常明亮的区域（例如光源的周围区域等）曝光很有用。该模式不是限制颜色范围，而是让它们更饱和。

③ HSV exponential（HSV 指数）：与上面提到的 Exponential 指数模式非常相似，但它会保护颜色的色调以及饱和度。

④ Intensity exponential（饱和度指数）：用于调整色彩的饱和度，当图像亮度增强时，在曝光的条件下增强色彩的饱和度。

⑤ Gamma correction（Gamma 值校正）：现在很多显卡上都有 Gamma 色彩校正设置，该参数同样也用于校正计算机系统的色彩偏差。

⑥ Intensity gamma（饱和度 Gamma 值）：用于调整 Gamma 色彩的饱和度。

⑦ Reinhard（混合型）：它是一种混合在 Exponential 和 Linear multiply 之间的色彩贴图，也是非常实用的色彩贴图类型。因为常常在使用 Exponential 时感到图像的饱和度不够，而使用 Linear multiply 时又感到图像色调太浓，这时候就需要在这两种贴图类型中找到平衡点，而 Reinhard 模式就解决了这个问题。当我们选择色彩贴图类型为 Reinhard 并设置 Burn 值为 0 时，它产生的效果会近似于 Exponential 类型，设置 Burn 值为 1 时，它产生的效果会近似于 Linear multiply 类型，以下是 Reinhard 曝光控制的子级别。

Dark multiplier（暗度倍增）：在线性倍增模式下，该参数控制暗度的色彩倍增。

Bright multiplien（亮度倍增）：在线性倍增模式下，该参数控制亮度的色彩倍增。

Clamp output（强制输出）：当参数设置超过系统 Gamma 值时会产生输出错误，选中该复选框则可以进行强制性的图像输出。

Affect background（影响背景）：当该复选框被选中激活时，在控制当前色彩贴图时会影响背景颜色。

● Systenm（系统）设置

在 V-Ray∷Systenm 卷展栏中，我们可以控制多种 VRay 参数，如图 4-18 所示渲染系统选项卡。

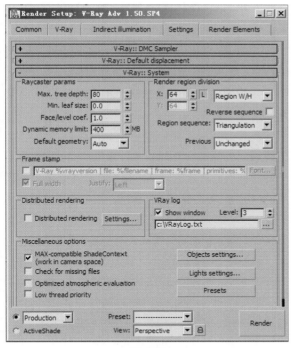

图 4-18

（1）Raycaster params（光线投射参数）区域： Raycaster params 区域允许我们可以对 VRay 的光影追踪进行设置。

① Max.tree depth（最大树深度）：定义 BSP 树的最大深度，数值较大时将占用更多的内存，但在系统临界点范围内，渲染速度还是比较快的，只有超过临界点（每一个场景不一样）以后开始减慢。

② Min.leaf size（最小枝叶尺寸）：定义枝叶节点的最小尺寸，它用来细分场景中的几何体。如果节点尺寸小于该设置的参数值，VRay 将停止细分最终出图时设为 90°。

③ Face/level coef（面 / 级别系数）：它用来控制一个树叶节点中的最大三角形数量。如果该参数取值较小，渲染速度将会很快，但是 BSP 树会占用更多的内存，直到某个临界点超过临界点后才开始减慢。

④ Dynamic memory limit（动态内存限定）：这是定义动态光线发射器使用的全部内存的界限。

⑤ Default geometry（默认几何体）：在 VRey 内部集成了 4 种光线投射引擎，它们全部都建立在

BSP 树这个概念的周围，但有不同用途。它的下拉列表中有以下几个主要选项。

Static（静态）：静态几何体在渲染初期是一种预编译的加速度结构，并一直持续到渲染帧工作完成。

Dynamic（动态）：几何体是否被导入由局部场景是否正在被渲染决定，它消耗的全部内存可以被限定在 VRay 系统的某个范围内。

（2）Render region division（渲染区域划分）区域： 该区域包括控制渲染区域（块）的各种参数。渲染块的概念是分布式渲染系统的精华部分，一个渲染块就是当前渲染帧中被分解后独立渲染的矩形部分，它可以被传送到局域网的其他空闲的计算机中进行集中处理，也可以进行分布式渲染，常用参数如图 4-19 所示。

① X：当选择 Region W/H 模式时，以像素为单位确定渲染的最大宽度；当选择 Region Cunt 模式时，以像素为单位确定渲染块的水平尺寸。

② Y：当选择 Region W/H 模式时，以像素为单位确定渲染块的最大高度；当选择 Region Count 模式时，以像素为单位确定渲染块的垂直尺寸。

③ Region sequence（区域顺序）：确定在渲染过程中渲染块进行的顺序。

④ Reverse sequence（反向次序）：该复选框被激活时，采取与前面设置的次序的反方向进行渲染。

⑤ Previous 预渲染：该参数确定在渲染开始时，在 VFB 窗口中以什么样的方式处理先前渲染图像，系统提供以下方式，如图 4-19 所示。

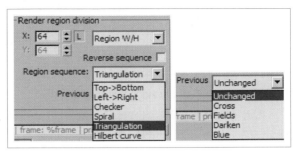

图 4-19

Unchanged（不改变）：VFB 窗口不发生变化，保持和前一次渲染图像相同。

Cross（十字交叉）：每隔两个像素，图像被设置为黑色。

Fields（区域）：每隔一条线设置为黑色。

Darken（变暗）：图像的颜色设置为黑色。

Blue（变蓝）：图像的颜色设置为蓝色。

注意这些参数的设置都不会影响最终渲染效果。

(3) Frame stamp（帧印记）区域：它就是我们常说的"水印"，可以按照一定的规则以简短文字的形式显示关于渲染的相关信息。它是显示在图像底端的一行文字。

在信息编辑框中可以编辑显示的信息，必须使用一些系统内定的关键词，这些关键词都以百分号（%）开头。

(4) VRay log（VRay 日志）区域：显示窗口：用于控制 VRay 的信息窗口。在渲染过程中，VRay 会将各种信息记录下来，并保存在 C：\VRayLog.txt 文件中。在信息窗口根据设置会显示出文件中的信息，使用者可以打开文本文件查看。在信息窗口中，所有信息分成 4 部分，并以不同的文字颜色来划分：错误（以红色显示）、警告（以绿色显示）、情报（以白色显示）、调试信息（以黑色显示）。

① Show window（显示窗口）：选中后在每一次渲染开始时等候显示信息窗口。

② Level（级别）：确定在信息窗口中显示哪一种信息。

➤ 仅显示错误信息。

➤ 显示错误和警告信息。

➤ 显示错误、警告和情报信息。

➤ 显示错误、警告、情报、调试四种信息。

(5) Miscellaneous options（混合参数）区域

① MAX-compatible ShadeContext（最大兼容性）：VRay 在 World（世界）空间里可完成所有的计算工作。然而，有些 3ds Max 插件（例如大气等）却使用摄像机空间来进行计算，因为它们都是针对默认的扫描线渲染器开发的，为了保持与这些插件

的兼容性，VRay 通过转换来自这些插件的点或向量的数据，以模拟在摄像机空间的计算。

② Check for missing files（检查缺少的文件）：勾选时，VRay 会试图在场景中寻找任何缺少的文件，并把它们列表。这些缺少的文件也会被记录到 C：\VRayLog.txt 中。

③ Optimized atmospheric evaluation（优化大气评估）：一般在 3ds Max 中，大气在位于它们后面的表面被着色后才被评估，在大气非常密集和不透明的情况下，这可能是不需要的。选中该复选框，可以使 VRay 优先计算大气效果，而大气后面的表面只有在大气非常透明的情况下才会被考虑着色。

④ Low thread priorty（低优先级线程）：勾选时，将促使 VRay 在渲染过程中使用较低优先权的线程。

⑤ Object properties（物体属性）区域：设置被选择物体的几何体样本，GI 属性和焦散的参数。

Use default moblur samples（使用默认的运动模糊采样数）：当激活该复选框时，VRay 会使用在运动模糊参数设置组设置的全局样本数量。

Motion blur samples（运动模糊样本）：在"使用默认的运动模糊样本"复选框未被选中时，可以在这里设置需要使用的几何体样本。

Generate GI（生成全局照明）：该选项可以控制选择的物体是否产生全局光照明，后面的数值框可以设置产生 GI 的倍增值。

Receive GI（接收全局照明）：控制被选择的物体是否接收来自场景中的全局光照明，后面的数值框可以设置产生接收 GI 的倍增值。

Generate caustiocs（生成焦散）：该复选框被激活后，被选择物体将会折射来自作为焦散发生器光源的灯光，从而产生焦散（注意为了产生焦散，物体必须使用反射 / 折射材质）。

(6) Objects Settings（物体设置）按钮：单击该按钮会弹出 VRay Object properties (VRay 物体属性) 对话框，如图 4-20 和图 4-21 所示。

在该对话框中可以设置 VRay 渲染器中每一个物体的局部参数，这些参数都是在标准的 3ds Max 物

体属性面板中无法设置的，例如 GI 属性、焦散属性等。

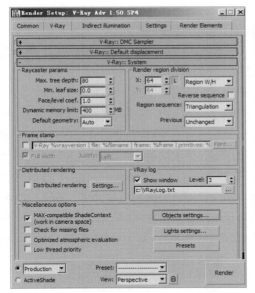

图 4-20

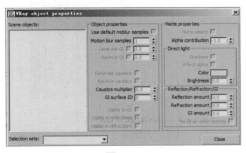

图 4-21

① Receive caustics（接收焦散）：该复选框被激活后，被选择物体将会变成焦散接收器。当灯光被焦散发生器折射而产生焦散的时候，只有在焦散接收器上的才可见。

② Caustics multiplier（焦散倍增值）：设置被选择物体产生焦散的倍增值。

③ Matte properties（不可见属性）区域：VRay 目前没有完全支持 3ds Max 的 Matte/Shadow 类型材质。但 VRay 具有自己的 Matte 系统，既可以在物体层级通过物体参数设置对话框，也可以在材质层级通过 MtlWrapper 材质（VRay 的包裹材质）来设定物体的 Matte 参数。

➤ Matte object（不可见物体）：激活 VRay 将视被选择物体为 Matte 物体，这表示此物体无法直接在场景中可见，在它的位置将显示背景颜色，然而该物体在反射 / 折射中却是正常显示的，并且基于真实的材质产生间接光照明。

➤ Alpha contribution（Alpha 控制）：控制被选择物体在 Alpha 通道中如何显示。

➤ Shadows（阴影）：该选项允许不可见物体接收直接光产生的阴影。

➤ Affect alpha（影响 Alpha 通道）：这将促使阴影影响物体的 Alpha 通道。

➤ Color（颜色）：设置不可见物体接收直接光照射产生的阴影颜色。

➤ Brightness（亮度）：设置不可见物体接收直接光照射产生的阴影明亮度。

➤ Reflection amount（反射数量）：如果不可见物体的材质是 VRay 的反射材质，该选项控制其可见的反射数量。

➤ Refraction amount（折射数量）：如果不可见物体的材质是 VRay 的折射材质，该选项控制其可见的折射数量。

➤ GI amount（GI 数量）：控制不可见物体接收 GI 照明的数量。

➤ No GI on other mattes（其他遮罩上无 GI）：勾选该复选框可以让物体不影响其他 Matte 物体的外观，因为它既不会在其他 Matte 物体上投射阴影，也不会产生 GI 的工作程序。

(7) Lights settings（灯光设置）按钮：单击该按钮，打开 VRay Light properties 对话框，如图 4-22 所示这是 VRay 灯光属性对话框。在该对话框中，我们可以为场景中的灯光指定焦散或全局光子贴图的相关参数设置，图中对话框的左边是对场景中所有可用光源的列表，右边是对被选择光源的参数设置，还有一个 3ds Max 选择设置列表，可以很方便、有效地控制光源组的参数，如图 4-22 所示。

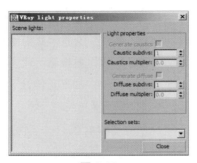

图 4-22

① Generate caustics（产生焦散）：选中该复选框时，VRay 使被选择的光源产生焦散光子。

② Caustic subdiva（焦散细分采样）：设置 VRay 用于追踪和评估焦散的光子数量，光子数量较大时将减慢焦散光子贴图的计算速度，同时占用更多的内存。

③ Caustic multiplier（焦散倍增器）：它是用来设置被选择物体产生焦散效果的倍增值，这种倍增是累计的，它不会在渲染设置窗口内覆盖焦散卷展栏中的倍增值，该参数只有在选择 Generate caustics（产生焦散）复选框时才有用。

④ Generate diffuse（产生漫反射）：选择该复选框时，VRay 将使被选择的光源产生漫反射照明光子。

⑤ Diffuse subdivs（漫反射细分参数）：用来控制被选择光源产生的漫反射光子被追踪的数量，较大的值可以获得更精确的光子贴图，也会花费较长的渲染时间，消耗更多的内存。

⑥ Diffuse multiplier（漫反射倍增）：用来设置漫反射光子的倍增值。

（8）Presets（预设）按钮：单击该按钮后，可以打开 V-Ray presets（VRay 预设）对话框，在该对话框中，我们可以将 VRay 的各种参数保存为一个 text 格式的文件，方便快速地再次导入它们，可以将当前预设参数存储在一个 VRay.cfg 文件中，该文件位于 3ds Max 根目录的 Plugcfg 文件中。对话框的左边是 VRay.cfg 文件中的预设列表，右边为 V-Ray 当前可用的所有预设参数，如图 4-23 所示。

图 4-23

4.4 测试渲染参数的设置

一般打开场景文件以后，我们都会先对场景进行测试渲染。测试渲染的参数越低，渲染速度越快，通过这样的操作我们可以节约时间，从而提高工作效率。

本节以室内效果图制作为例来讲解测试渲染参数设置的方法。

01 按 F10 键会弹出 Render Setup: V-Ray Adv 1.50. SP4 对话框，在 Common 选项卡中单击 Common Parameters 卷展栏，在 Output Size 区域中，设置渲染图像的 width 为 500 像素，Height 为 375 像素，如图 4-24 所示。

图 4-24

02 单击 V-Ray 选项卡，在 V-Ray∷Global Switches 卷展栏中，设置 Default Lights（默认灯光）为 on，取消勾选 Glossy effects（模糊效果）选项。并在 V-Ray∷Image sampler（Antialiasing）卷展栏中将

Image sampler 的 Type 设置为 Fixed（混合），如图 4-25 和图 4-26 红线框所示，设置场景全局和图像 采样（抗锯齿）渲染参数及选项。

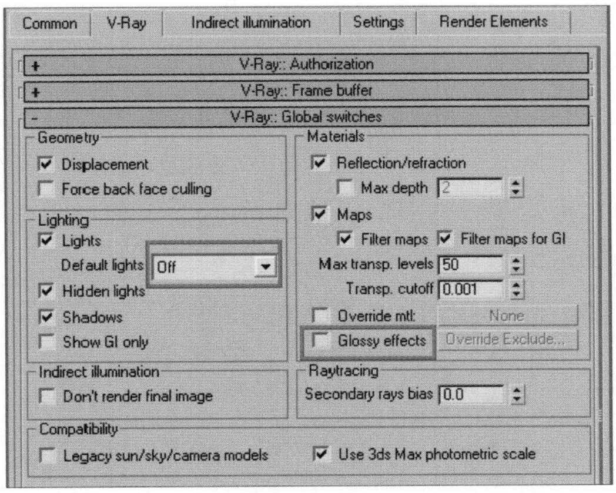

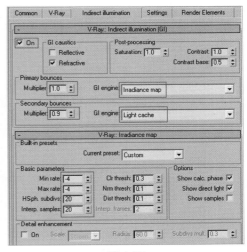

图 4-25

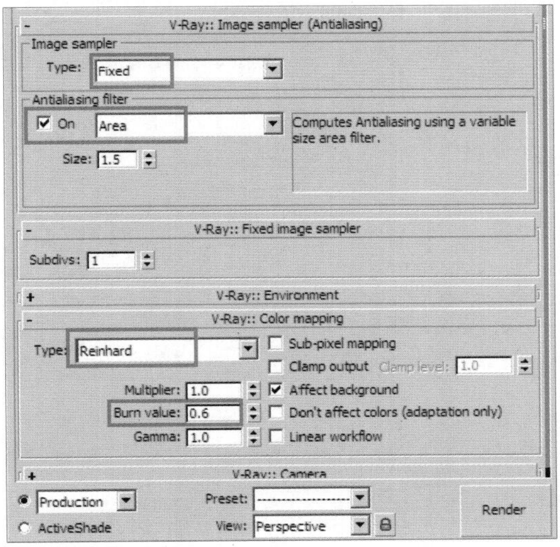

图 4-26

03 在 Indirect illumination 选项卡中设置 Primary bounces（首次反弹）为 Irradiance map（发光贴图），设置 Secondary bounces（第二次反弹）为 Light cacche（灯光缓存），为了使图画面看起来更真实，降低 Multiplier（二次反弹强度）为 0.9；设置 Min rate（最小值）为 – 4，Max rate（最大值）为 -4，HSph. subdivs 为 20，设置 Interp. samples 为 20；其他参数保持默认即可，然后进行测试渲染，如图 4-27 和图 4-28 所示。

图 4-27

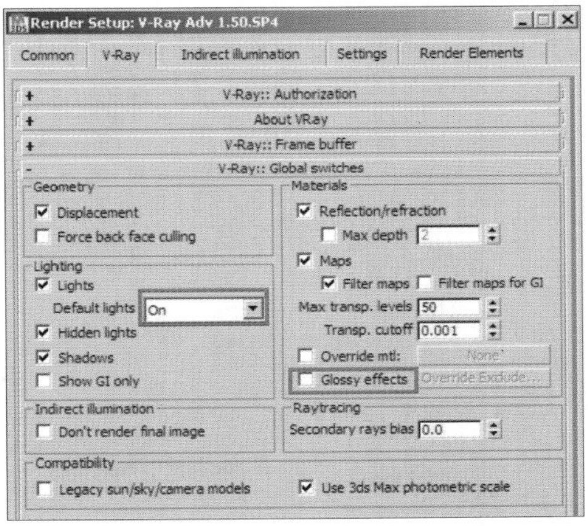

图 4-28

4.5 最终渲染参数的设置

4.5.1 设置最终出图参数

最终渲染参数，是在测试渲染阶段结束后，我们觉得效果满意或者客户确定方案后渲染最终效果图所调节的参数，渲染速度会慢一些，但是图像质感细腻，细节都很清晰，可以放大观看或者打印成海报等。

01 我们以渲染像素为 2000x1500dpi 的图片设置为例。先设置渲染图像的大小，其 Width 为 2000 像素，Height 为 1500 像素。渲染图像大小可根据需要进行设置，如图 4-29 所示。

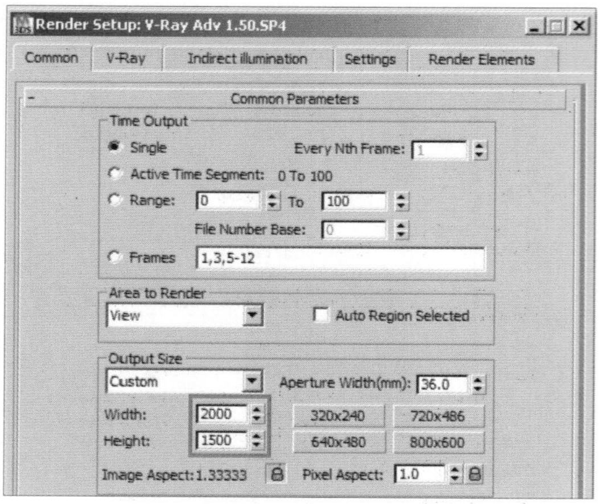

图 4-29

02 设置全局和抗锯齿的参数。先勾选 Glossy eff-ects（这里表示模糊效果）复选框，同时把 Secon-dary rays bias（二次光线偏移）值设定为 0.001，这个数值是降低了重要的地方的错误率；再设置 Image sampler（图像采样）的 Type（类型）为 Ada-ptive DMC，以及其他参数设置如图 4-30 所示红线框内提示。

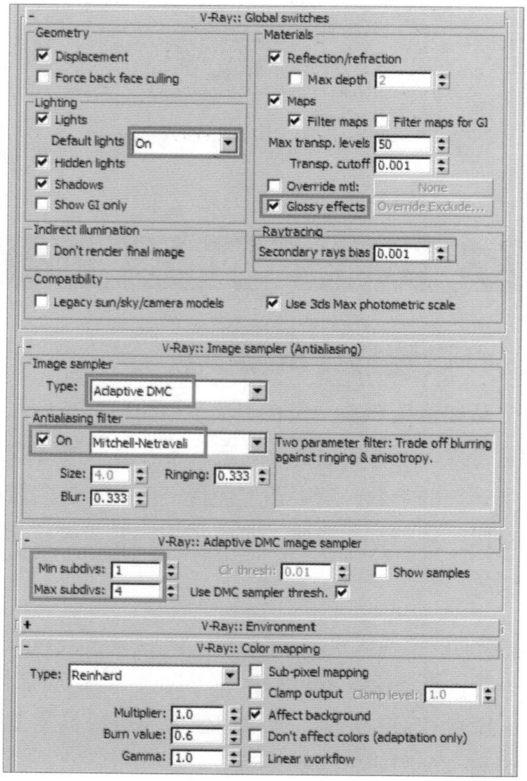

图 4-30

03 在 Primary bounces 区域设置 GI engine 为 Irra-diance map（发光贴图），在 Secondary bounces 区域设置 GI engine 为 Light cache（灯光缓存）为了使图画面看起来比较逼真，设置 Secondary bounces 区域的 Multiplier 数值为 0.92，降低二次反弹强度，设置 HSph. subdivs 为 60，设置 Interp. samples 为 25.0。然后要激活 Detail enhancement（细节增强器），将其 Radius 参数设置为 25，如图 4-31 和图 4-32 所示。

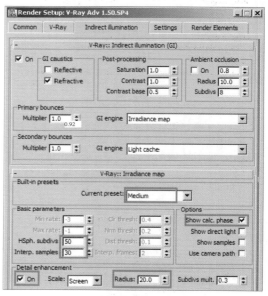

图 4-31

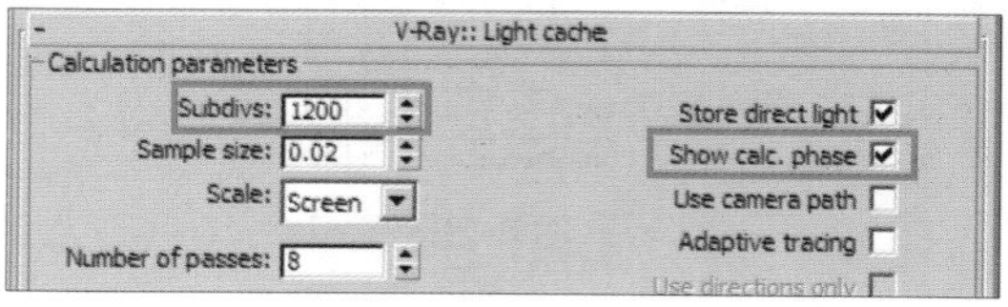

图 4-32

04 为了得到高品质的图像，如图 4-33 所示，在 V-Ray∷DMC Sampler 卷展栏中设置 Noise thre-shold 参数，其他参数保持默认即可，接下来可以进行渲染出图。

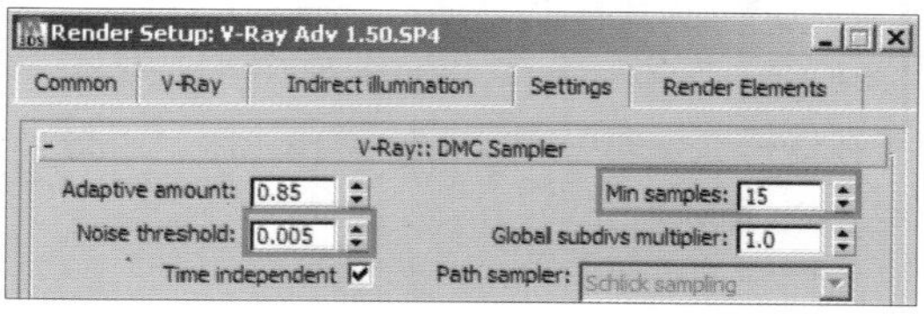

图 4-33

4.5.2 如何同时渲染效果图与通道图

在 Render Elements 选项卡中单击 Add… 按钮，然后在弹出的对话框中添加 VRayRenderID（表示 VRay 渲染 ID），接着单击 OK 按钮，这样在成品图渲染完成后便会同时出现一张同像素的通道图，单击 Render 按钮开始渲染出图，如图 4-34 所示。

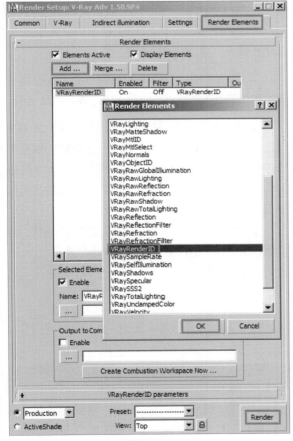

图 4-34

4.6 指定 VRay 材质

VRay 材质是基于 VRay 渲染器开发的，随着 VRay 渲染器版本的更新和升级，VRay 也有了越来越优秀的表现。

按下 M 键弹出 Material Editor-09-Default（材质编辑器），在弹出的对话框中单击 Standard，选择 VRay 材质类型，在弹出的 Material/Map Browser 对话框中选中 VRay Mtl 后单击 OK，VRay 材质指定完成，如图 4-35 所示。

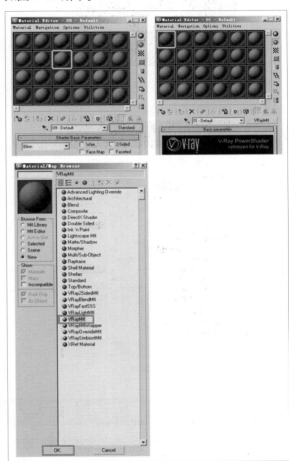

图 4-35

4.7 VRay 材质常用的属性和功能

体现效果图特质的除了灯光就是材质。材质的效果是否真实直接影响着效果图的整体质量。在进行材质制作之前，首先来简单介绍一下 VRay 材质的属性和功能，如图 4-36 所示为 Material Editor-01-Default（材质编辑）选项卡。

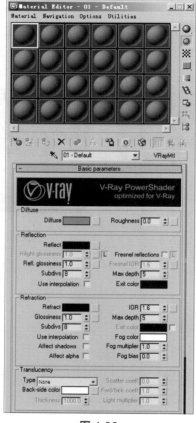

图 4-36

1. Diffuse（漫反射）是物体的本身固有色，它决定物体的表皮颜色，比如白色陶瓷的白色表面。

2. Reflection 区域中的 Reflect（反射）控制反射功能，选择黑色时表示没有反射，选择白色时表示完全反射（如镜子）。用户通过设置反射颜色的深浅度来灵活控制反射强度。

（1）Reflection 区域中的 Refl. glossiness（反射模糊）主要用来控制反射模糊效果。

（2）Reflection 区域中的 Subdivs（细分）主要用来控制材质的细分值，一般默认值为 8。如果希望材质效果更加细腻干净，就需要增加材质细分值，而细分越大，渲染时间就越长。

（3）Reflection 区域中的 Reflect（折射）控制材质的透明度，黑色表示不透明，白色表示完全透明。

（4）Reflection 区域中的 IOR（折射率）用来控制透明或者半透明材质的折射率，该参数一般在制作玻璃、纱帘、水、水晶材质时使用。比如水的折射率是 1.33，玻璃的折射率是 1.487，水晶的折射率是 1.66 等。

以上参数是 VRay 材质设置中最常用的数值，我们要熟悉使用它们产生的特性和产生的效果。

4.8 常用材质的保存和调用

在平常的学习和工作中，为了提高效率，我们都会进行一些量化处理，那么我们在制作室内效果图时也需要利用量化处理的方法，为工作寻找捷径。在室内效果的很多场景中都会调节相同的材质属性，难免会浪费时间，如果我们将常用材质保存，遇到相关材质直接调用的话，就会节省许多操作。

01 按 M 键，弹出 Material Editor- 墙纸对话框，表示已经打开材质编辑器，保存材质的方法如图 4-37 所示提示。

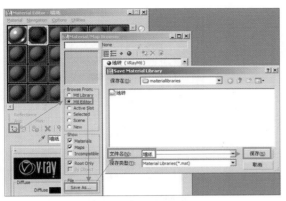

图 4-37

02 打开一个新的 3D 场景，调用刚才保存的"墙纸材质"，步骤如图 4-38 所示。这个时候"墙纸材质"便可以附在操作对象的表皮。

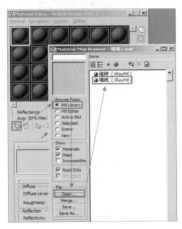

图 4-38

4.9 VRay 室内常用材质

在室内效果图中，由于每个设计师的设计方案不同，每个场景的材质也是不一样的，所以要想快速高效地制作效果图，掌握室内常用材质的参数设置是至关重要的。

4.9.1 平板玻璃材质设置

01 打开材质编辑器，选择一个空白的材质球，设置材质样式为 VRayMtl 的专用材质，设置 Diffuse（漫反射）颜色为"浅蓝色"，参数设置如图 4-39 所示。

图 4-39

02 将 Reflect 设置为纯白色，激活 Fresnel reflections（菲涅耳反射）效果，设置 Refl. glossiness（反射光泽度）为 0.98，参数如图 4-40 所示。

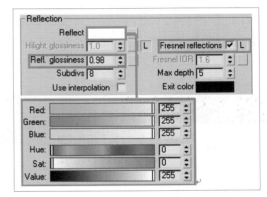

图 4-40

为了表现玻璃的透明度，将折射颜色设置成 Red、Green、Blue（简 RGB）数值均为 216 的灰度颜色，勾选 Affect shadws（影响阴影）复选框，参数设置如图 4-41 所示。

图 4-41

至此，平面玻璃材质制作完成，此时的材质球效果如图 4-42 所示，之后将所设置的材质赋予茶几面模型。

图 4-42

4.9.2 磨砂玻璃材质设置

磨砂玻璃相对平板玻璃来说，它的反射和折射都没有那么强烈，而且它还具有一定的模糊效果。

设置漫反射和反射参数

01 打开材质编辑器，选择一个空白的材质球，设置材质样式为 VRayMtl 的专用材质，选择 Diffuse（漫反射）颜色为黄色即杯子的颜色，其余参数设置如图 4-43 所示。

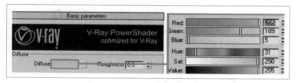

图 4-43

02 将反射颜色设置成 RGB 为 40 的灰色，并设置 Hilight glossiness（高光光泽度）为 0.7，设置 Refl. glossiness（反射光泽度）为 0.8，将 Subdivs（细分）值定为 10，如图 4-44 所示红框内参数。

图 4-44

设置折射参数

将折射颜色设置成 RGB 为 251 的灰度颜色 Glossiness（光泽度），设置为 0.7，Subdivs（细分）值为 15，激活 Affect shadws（影响阴影）复选框，如图 4-45 所示参数设置。

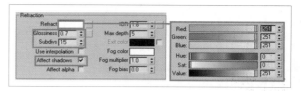

图 4-45

至此，磨砂玻璃材质设置完成，此时的材质球效果如图 4-46 所示，从图中可以观察到材质表面明显的模糊效果，将该材质赋予场景中的杯子模型表面。

图 4-46

4.9.3 有色玻璃材质设置（以绿色玻璃为例）

有色玻璃材质与平板玻璃有相同的属性，有很强的反射和折射效果，这些特点都是在固有色的基础上产生的。

设置漫反射和反射参数

01 打开材质编辑器，选择一个空白的材质球，设置材质样式为 VRayMtl 的专用材质，选择 Diffuse（漫反射）颜色为绿色，参数如图 4-47 所示。

图 4-47

02 为了体现玻璃表面的光泽效果，在 Reflect（反射）通道中单击 M 按钮添加一个 Falloff Parameters（衰减贴图），Front: Side 区域中设置 Color 1 颜色为灰色，Color 2 颜色为灰白色，设置 Falloff Type（衰减类型）为 Fresnel（费涅耳）方式。设置 Refl. glossiness（反射光泽度）为 0.8，Subdive（细分）值为 6，参考如图 4-48 所示的参数。

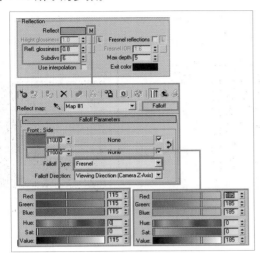

图 4-48

设置折射和雾色效果

为了表现玻璃材质的透明性和雾色效果，在 Refract（折射）通道中单击 M 按钮添加一个 Falloff 贴图，选择 Color 1 颜色为白色，选择 Color 2 颜色为灰白色，设置 Falloff Type（衰减类型）为 Fresnel（菲涅耳）方式，将 Subdive（细分）值设置为 50，Fog color（雾色）设置为绿色，随后勾选 Affect shadows（影响阴影）复选框，参数设置如图 4-49 所示。

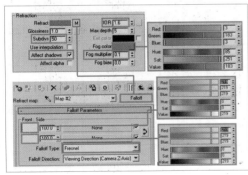

图 4-49

设置各向异性效果

首先要打开 BRDF（双向反射分布功能）卷展栏，设置高光模式为 Ward 方式，参考如图 4-50 所示的参数。至此，绿瓶玻璃材质制作完成，材质球效果如图 4-51 所示。

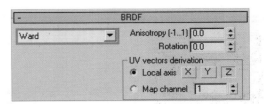

图 4-50

图 4-51

4.9.4 亚光木地板材质设置

亚光木地板是我们常见的一种地板材质，其特点是有一定的模糊反射效果，这种地板的纹理就是使用贴图添加的纹理。

设置基本参数

01 打开材质编辑器，选择一个空白的材质球，设置材质样式为 VRayMtl 的专用材质，将 Blur（模糊度）值定为 0.01，参考如图 4-52 所示数值设置。

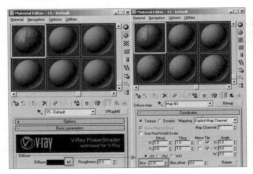

图 4-52

02 接下来要设置反射效果。在反射通道中添加一个 Falloff 贴图，设置 Falloff Type 为 Fresnel；单击返回按钮返回最上层，设置 Hilight glossiness 为 0.8，Refl. glossiness 为 0.88，将 Subdive 值定为 20，参考如图 4-53 所示的其他参数设置。

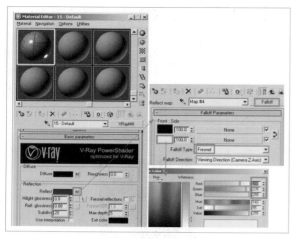

图 4-53

03 为了使地板表面的高光更加有质感，如图 4-54 所示，先打开 Maps 卷展栏，在 Environment（环境）通道单击 None 按钮，添加一个 Output 贴图，如图 4-55 所示，设置 Output Amount（输出数量）值为 2。

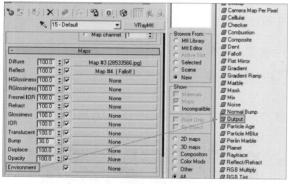

图 4-54

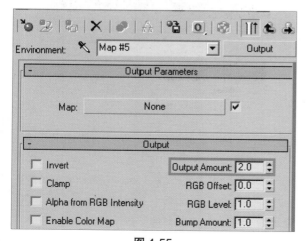

图 4-55

设置材质的凹凸质感

如图 4-56 所示，先打开 Maps 卷展栏，设置 Bump（凹凸）数值为 30 来表示其贴图强度，到这个步骤亚光木地板材质制作完成。

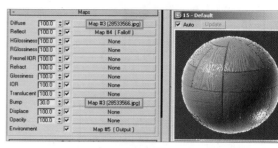

图 4-56

4.9.5 有凹凸纹理的木材材质设置

凹凸纹理木材材质相对于亚光木地板来说凹凸质感更为强烈，高光面积也会大一些。

设置基本参数

01 首先打开材质编辑器，选择一个空白的材质球，设置材质样式为 VRayMtl 的专用材质，并设置 Blur 值为 0.01，参考如图 4-57 所示数值设置。

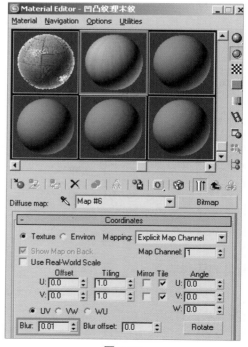

图 4-57

02 如图 4-58 所示，在反射通道中添加一个 Falloff 贴图，设置 Front : Side 区域中 Color 1 为黑色、Color 2 为蓝色，设置 Falloff Type 为 Fresnel（菲涅耳）方式；单击按钮返回最上层，设置 Hilight glossiness 为 0.75，设置 Refl. glossiness 为 0.92，将 Subdive 值设为 20。

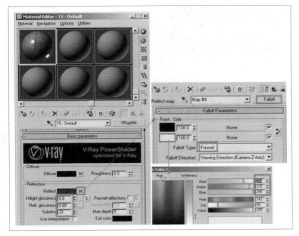

图 4-58

设置凹凸质感

如图 4-59 所示，先打开 Maps 卷展栏，选择 VRayMtl 为凹凸纹理木板，设置 Bump 贴图强度为 50，凹凸纹理木材材质制作完成。

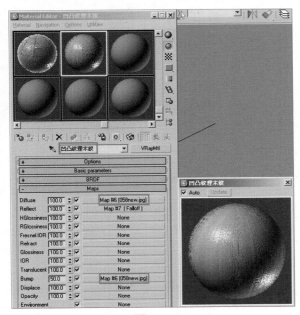

图 4-59

4.9.6 陶瓷材质设置

陶瓷材质是室内设计中常用的材质类型之一，其特点是有一定的反射模糊效果。

设置基本参数

01 打开材质编辑器，选择一个空白的材质球，设置材质样式为 VRayMtl 的专用材质，设置 Diffuse 颜色为浅蓝色，参考如图 4-60 所示的数值。

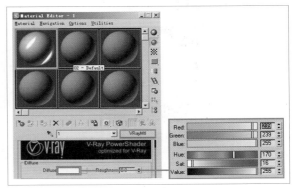

图 4-60

02 如图 4-61 所示，在反射通道中添加一个 Falloff 贴图，设置 Color 1 为"黑色、Color 2 为蓝色，设置 Falloff Type 为 Fresnel 方式；再单击返回按钮返回最上层，设置 Hilight glossiness 为 0.85。

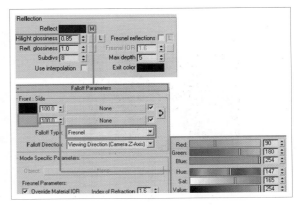

图 4-61

设置各向异性效果

先打开材质编辑器中的 BRDF（双向反布功能）卷展栏，设置高光类型为 Ward，将 Aniso tropy（各向异性）参数设置为 0.5，并将 Rotation（旋转角度）设置为 60°。参数如图 4-62 所示。

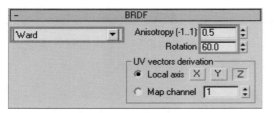

图 4-62

至此，陶瓷材质制作完成，效果如图 4-63 所示。

图 4-63

4.9.7 瓷砖材质设置

瓷砖材质也是室内设计中常有的材质，它具有一定的反射模糊效果。

瓷砖的参数

01 如图 4-64 所示，先打开材质编辑器，选择一个空白的材质球，设置材质样式为 VRayMtl 的专用材质，设置 Diffuse 贴图中的参数。

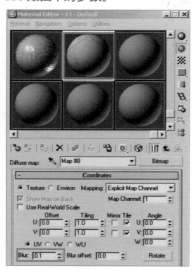

图 4-64

02 如图 4-65 所示，在反射通道中添加一个 Falloff 贴图，设置 Falloff Type 为 Fresnel，然后返回上一层，设置 Hilight glossiness 为 0.8，Refl. glossiness 为 0.95，Subdive 值为 20。

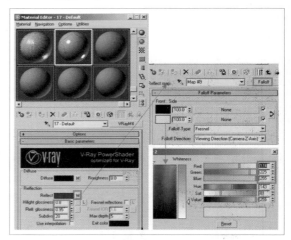

图 4-65

设置凹凸质感

如图 4-66 所示，先打开 Maps 卷展栏，Bump 贴图及其强度定为 30，凹凸质感会在材质球中体现出来。

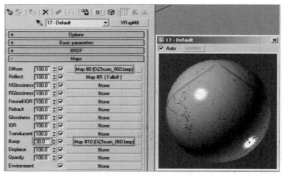

图 4-66

4.9.8 文化石材质设置

文化石材质在欧式风格的室内装饰中经常用到，纹理凹凸质感强烈，有回归自然的感觉。

设置漫反射效果

如图 4-67 所示，打开材质编辑器，选择一个空白的材质球，设置材质样式为 VRayMtl 的专用材质，设置 Diffuse 贴图及其 Blur 值为 0.1。

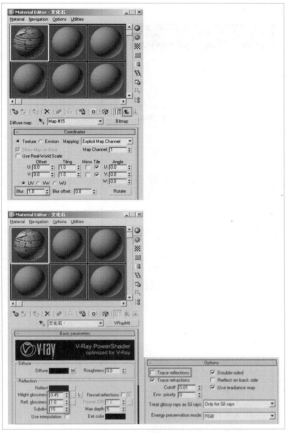

图 4-67

设置凹凸质感

如图 4-68 左图所示，打开 Maps 卷展栏，设置 Bump 图片及贴图强度为 10，材质球效果如图 4-68 所示。

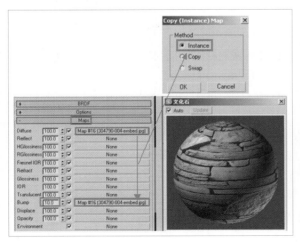

图 4-68

4.9.9 大理石材质设置

大理石材质在室内效果图表现中是很常用的，它表面光滑，具有一定的反射模糊效果。

设置漫反射和反射效果

01 打开材质编辑器，选择一个空白的材质球，设置材质样式为 VRayMtl 的专用材质，单击 M 按钮设置 Diffuse 贴图，参数如图 4-69 所示。

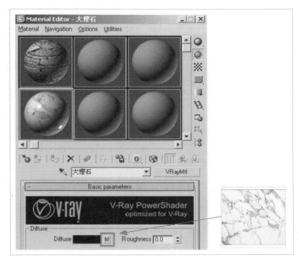

图 4-69

02 在反射通道中添加一个 Falloff 贴图，设置 Falloff Type 为 Fresnel，Hilight glossiness 为 0.85，Refl. glossiness 为 0.9，Subdivs 为 15，参考如图 4-70 所示数值。

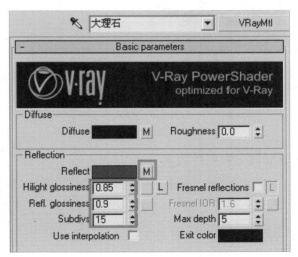

图 4-70

设置凹凸质感

打开 Maps 卷展栏，设置 Bump 图片及其贴图强度为 10，参数设置如图 4-71 所示。

图 4-71

4.9.10 黄金材质设置

黄金材质是一个参数设置不好就容易失真的材质，初学者要反复调试，仔细体会。

设置材质的颜色

按 M 键打开材质编辑器，选择一个空白的材质球，单击 Standard 按钮，在弹出的名为"Material Editor-01-Befault"的对话框中选择 VRayMtl 专用材质，设置 Diffuse 颜色为黄色，如图 4-72 所示的数值与提示步骤。

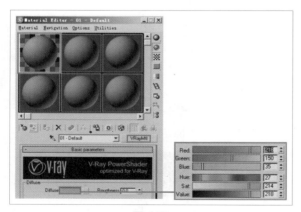

图 4-72

设置高光和反射效果

将黄金材质的 Reflect 颜色定为橘黄色，设置 Hilight glossiness 为 0.75，Relf. glossiness 为 0.7，将 Subdivs 调节为 50，参数设置如图 4-73 所示。

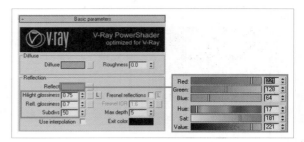

图 4-73

4.9.11 不锈钢材质设置

不锈钢材质在室内表现中很常用，它除了具有自身的固有色，还具有很强的反射。

设置材质的基本参数

01 按 M 键打开材质编辑器，选择一个空白的材质球，单击 Standard 按钮，在弹出的名为"Material Editor-01-Befault"的材质编辑对话框中选择专用材质，设置 Diffuse 颜色为灰色，如图 4-74 所示的参数。

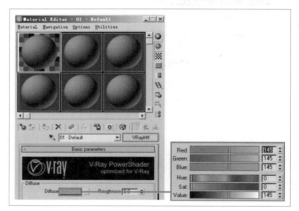

图 4-74

02 将不锈钢材质的反射颜色设置成纯白色，随后激活 Fresnel 的 Diffuse，再设置 Fresnel IOR 为 6，Relf.glossiness 为 0.95，并将细 Subdivs 调节为 50，具体参数如图 4-75 所示。

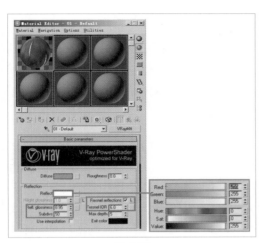

图 4-75

设置 Anisotropy [-1..1]（各向异性）效果

为了让不锈钢表面有高光效果，接下来设置材质的 Anisotropy [-1..1] 参数。先打开 BRDF（双向反射分布功能）卷展栏，设置其类型为 Ward，Anisotropy（-1..1）参数为 -0.8，如图 4-76 所示。

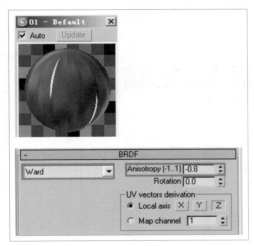

图 4-76

4.9.12 磨砂金属材质设置

磨砂金属相对于不锈钢金属来说，具有一定纹理，反射效果图也要模糊一些。

设置材质基本参数

01 按 M 键打开材质编辑器，选择一个空白的材质球，单击 Standard 按钮，在弹出的名为 "Material Editor-

01-Befault″ 的材质编辑对话框中选择 VRay 专用材质，设置 Diffuse 颜色为灰白色。参数如图 4-77 所示。

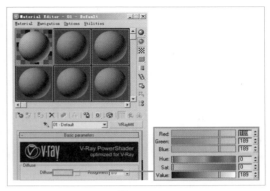

图 4-77

02 将磨砂金属材质的 Reflect 设置成 RGB 为 189 的灰度颜色，设置 Relf. glossiness 为 0.75，将 Subdivs 调节为 12，具体参数如图 4-78 所示。

图 4-78

设置高光效果的参数

如图 4-79 所示，打开 BRDF 卷展栏，设置高光类型为 Blinn，设置 Anisotropy [-1..1] 各向异性参数为-0.8。

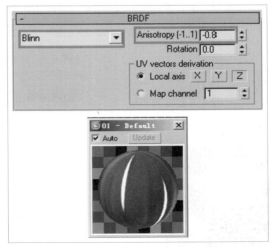

图 4-79

4.9.13 铝合金材质设置

铝合金材质相对于不锈钢而言应用范围较大，反射强度也相对较弱一些。

设置材质基本颜色

如图 4-80 所示，按 M 键打开材质编辑器，选择一个空白的材质球，单击 Standard 按钮，在弹出的名为"Material Editor-01-Befault"的材质编辑对话框中选择 VRayMtl 专用材质，设置 Diffuse 为灰蓝色。

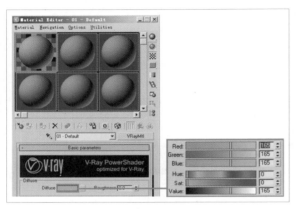

图 4-80

设置反射和高光效果

将铝合金材质的反射颜色设置成 RGB 为 120 的灰度颜色，设置 Hilight glossiness 为 0.63，Refl. glossiness 为 0.9，将 Subdivs 调节为 25，具体参数如图 4-81 所示。

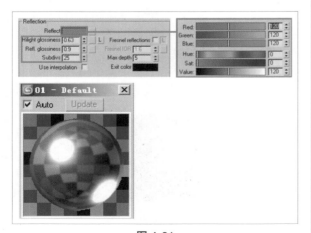

图 4-81

4.9.14 拉丝金属设置

拉丝金属主要体现出一种拉丝的效果，很多人会用贴图体现这种效果，在这里向大家介绍一个不使用贴图的方法，效果会更好一些。

设置基本参数

按 M 键打开材质编辑器，选择一个空白的材质球，单击 Standard 按钮，在弹出的名为"Material Editor-01-Befault"的对话框中选择 VRay 专用材质，设置 Diffuse 颜色为"深灰色"，将 Reflect 设置成 RGB 为 225 的灰度颜色，激活 Fresnel 反射效果，设置 Fresnel IOR 为 8，Refl. glossiness 为 0.65，Subdivs 为 35，参数设置如图 4-82 所示。

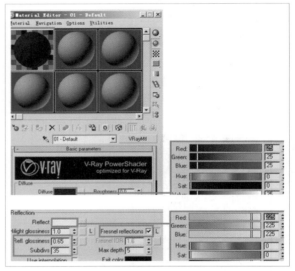

图 4-82

设置拉丝质感

如图 4-83 所示打开 Map 卷展栏，在 Bump（凹凸）通道中添加一个 Mix（混合）贴图，在 Color1 和 Color2 通道中分别添加一个 Noise（噪波）贴图，设置 Size（大小）值均为 1；之后返回到 Mix 材质层，设置 Mix Amount（混合数量）值为 50；再返回上一层，设置 Bump 贴图强度为 10，具体参数设置如图 4-83 和图 4-84 所示。

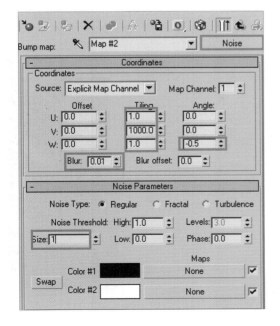

图 4-83

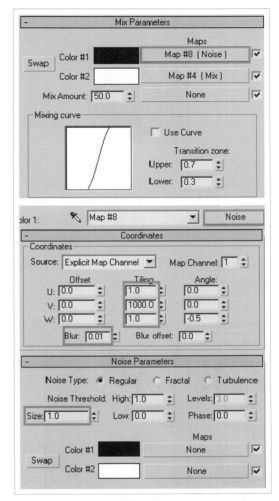

图 4-84

设置各项数据

如图 4-85 所示,打开 BRDF 卷展栏,设置高光模式为 Ward,设置 Anisotropy[－1..1] 参数为 0.9。至此,拉丝金属材质制作完成,如图 4-86 所示。

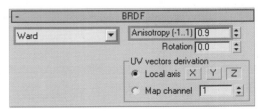

图 4-85

图 4-86

4.9.15 皮纹材质设置

皮纹材质的制作比较简单，只要调整好材质的属性，在凹凸里面添加相应的贴图纹理即可。

按 M 键打开编辑器，选择一个空白的材质球，设置材质样式为 VRayMtl 的 VRay 专用材质，设置 Diffuse 的颜色为黑色，如图 4-87 所示。

图 4-87

> **TIP**
> ▶ 我们通常用固有色的颜色去赋予皮纹的颜色，在凹凸里添加不同的纹理来模拟不同的皮纹材质，操作步骤如下。

01 先设置反射效果。设置 Hilight glossiness 为 0.6，Refl. glossiness 为 0.7，将 Subdivs 设置为 20，具体参数设置如图 4-88 所示。

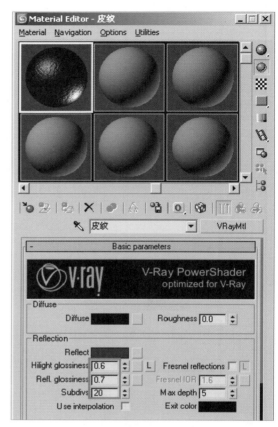

图 4-88

02 其次要设置凹凸质感。先打开 Maps 卷展栏，设置 Bump，设置贴图强度为 15，皮纹材质制作完成，参数如图 4-89 所示。

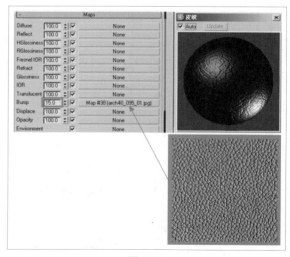

图 4-89

4.9.16 红酒材质设置

红酒材质制作具有红色的固有色，反射和折射属性都较强，希望通过参数的学习能更深入地了解。

设置基本参数

01 打开材质编辑器，选择一个空白的材质球，设置样式为 VRay 专用材质 VRayMtl，设置 Diffuse 颜色为红色，参数如图 4-90 所示。

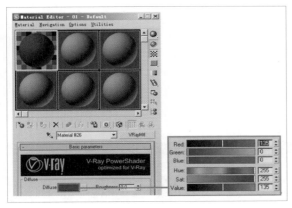

图 4-90

02 为了设置红酒的反射效果，在反射通道中添加一个 Falloff 贴图，设置 Falloff Type 为 Fesnel，设置 Subdivs 为 20，具体参数设置如图 4-91 所示。

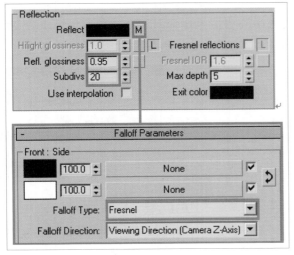

图 4-91

设置半透明效果和雾色效果

01 因为红酒为半透明液体，所以将 Reflect 颜色设置成 RGB 为 43 的灰度颜色，将 Subdivs 设置为 20，雾色为红色，并将 Fog multplier 值设置为 0.1，其具体参数如图 4-92 所示。

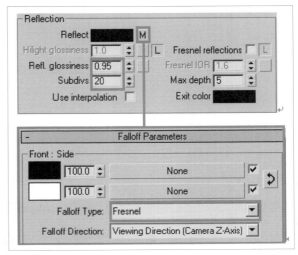

图 4-92

02 至此，红酒材质设置完成，如图 4-93 所示可以看到材质球表面的半透明效果和高光效果。

图 4-93

CHAPTER 05

常用灯光类型和运用技巧

3ds Max 中的灯光基本上有三个类别，但在每一类灯光中比较常用的只有几种，我们只要了解这些常用的灯光和它们的原理，并掌握其运用方法和使用技巧就可以了。

📍 **知识点**

本章对 3ds Max 中的灯光类型进行讲解，例如下面内容中的光度学灯光、标准灯光和 VRay 灯光等。

5.1 常用灯光类型讲解

3ds Max 中默认的灯光系统一种是标准灯光，另一种是光度学灯光，在安装了 VRay 渲染器之后才会有 VRay 灯光面板。

Lights（灯光）类型，包括 Photometric（光度学灯光）、Standard（标准灯光）、VRay（VRay 灯光），如图 5-1 所示的图示。

图 5-1

5.1.1 光度学灯光面板

光度学灯光是 3ds Max 灯光类型中的一种，我们常用隶属于它的 Freelight 来模拟射灯、筒灯、台灯等照明工具，如图 5-2 所示。

图 5-2

1. Target Light（目标灯光）：具有目标点，可以精确地调节照明方向和目标物体。

2. Free Light（自由灯光）：不具备目标点，只能通过变换工具调整它的照射方向。

3. mr sky Portal（mr 天光）：主要在 mental (ray 太阳和天空组合中使用，它可模拟大气层中因太阳光的散射而产生间接光的真实现象。

TIP

▶ 常用 Photometric【光度学灯光】中 "Free Light" 一般使用光域网模拟射灯、台灯等。光域网就是测角图表在三维空间的内的延展，它可以同时检验水平与垂直角度上的发光强度属性。光域网的中心象征着灯光的中心，任何指定方向上的发光强度都以光度学中心与该网之间的距离为比例，沿着远离中心的特定方向进行分配。

5.1.2 标准灯光面板

标准灯光是 3ds Max 灯光类型中的一种，我们常用的有目标聚光灯、目标平行光和泛光灯，如图 5-3 所示。

图 5-3

以下为 Standard（标准灯光）中常用灯光。

1. Target Spot（目标聚光灯）

产生锥形的照射区域，在照射区域以外的对象不受灯光影响。目标聚光灯有投射点和目标点两个图表，它的优点是方向性非常好，加入投影设置可以产生优秀的静态仿真效果；缺点是在进行动画照射时不易控制方向，两个图标的调节常使发射范围改变，也不易进行跟踪照射。它有矩形和圆形两种投影区域，其中矩形特别适合制作电影投影图像、窗户投影等；圆形适合路灯、车灯、台灯、舞台跟踪灯等灯光照射。

2. Free Spot（自由聚光灯）

它产生锥形的照射区域。其实它是一种受限制的目标聚光灯，因为只能控制它的整个图标，而无法在视图中对发射点和目标点分别调节。它的优点是不会在视图中改变投射范围，特别适合一些动画的灯光。

3. Target Direct（目标平行光）

产生平行的照射区域。其实它是一种受限制的平行光，在视图中，它的投射点和目标点不能分别调节，只能进行整体地移动和旋转，这样就可以保证照射范围不发生改变。如果对灯光范围有固定的要求，尤其是在灯光的动画中，这是一个非常合适的选择。

5.2 灯光运用技巧

在 3ds Max 中，我们会应用不同的灯光类型和灯光的属性，模拟各种不同场景的照明效果。

5.2.1 目标平行光模拟太阳光

随着 VRay 渲染器的更新和不断升级，VRay-Sun 的功能水平已经达到比较成熟的水平，不过这

4. Omni（泛光灯）

它显示为正八面体图标，向四周发射光线。标准的泛光灯用来照亮场景，它的优点是易于创建和调节，不用考虑是否有对象在范围外而不进行照射；缺点是不能创建太多，否则效果显得平淡而无层次。在灯光运用中，泛光灯是常用来模拟灯泡、台灯等光源对象。

5.1.3 VRay 灯光面板

VRay 灯光是 3ds Max 灯光类型中的一种（选择 VRay 渲染器），常用的有 VRayLight、VRaySun VRaySky 等，如图 5-4 所示。

图 5-4

1. VRay Light（VR 灯光）

VRay Light 可以从矩形或圆形区域发射光线，产生柔和的光照和阴影效果。

2. VRay Sun（VR 太阳光）

VRay Sun 能模拟物理世界中的真实太阳效果。

3. VRay Sky（VRay 环境光）

VRay Sky 也是 VRay 灯光中的一个重要光照系统，由于 VRay 没有真正的天光引擎，只能用环境光（VRay Sky）来代替。

是初学目标平行光模拟太阳光很好方法，渲染速度快。

测试场景和打灯光时，我们通常用渲染器的测试渲染参数渲染，这样可以节约时间，提高工作效率。

01 打开场景文件，在顶视图中创建 Target-Direct，勾选 Shadow 区域中的 On，打开灯光的阴影，选

择 VRayShadow，参考如图 5-5 所示的参数。

图 5-5

02 在左视图或者右视图中，调整灯光的高度，目的是模拟不同时间的光影效果，如图 5-6 所示。

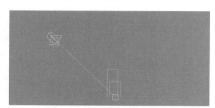

图 5-6

> **TIP**
> ▶ 以下为用选择太阳的高度来表示时间的讲解。

03 通过观察，我们发现调节灯光的范围太小，不能照亮整个场景，调节灯光的范围，再次渲染整个场景被照亮，如图 5-7、5-8、5-9 所示按快捷键 Shift+Q 对场景进行快速渲染操作。

图 5-7

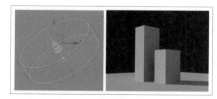

图 5-8

图 5-9

04 物体的阴影的边缘比较生硬，在现实生活中阳光照射在物体上投下来的阴影边缘是比较柔和的。如图 5-10 所示勾选 VRayShadows params 卷展栏中的 Area shadow 复选框，并参考图片中的数据。

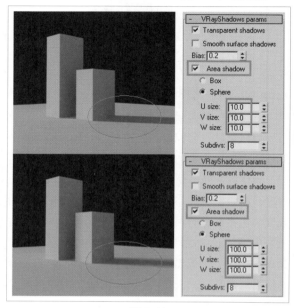

图 5-10

5.2.2 射灯和台灯的灯光模拟

射灯和台灯在室内效果图中比较容易出效果，如图 5-11 所示，其制作方法也比较简单，希望初学者多加练习。

图 5-11

01 如图 5-12 所示打开模型文件，选择 Photometric（光度学灯光）中 Free Light 按钮，在顶视图中创建灯光。

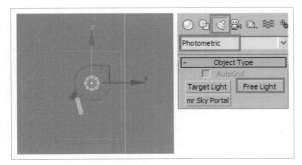

图 5-12

02 按 F 键转换为前视图，勾选 Targeted（复选框，将灯光移动到合适的位置，再勾选 Shadaws 中的 On，选择投影类型为 VRayShadow，选择灯光类型为 Photometric Web，如图 5-13 所示。

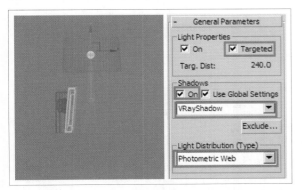

图 5-13

03 在 -Distribution (Photometric Web) 中选择 web 文件，修改灯光的颜色、强度和类型，如图 5-14 和图 5-15 所示的红线框内步骤提示和数据参数值。

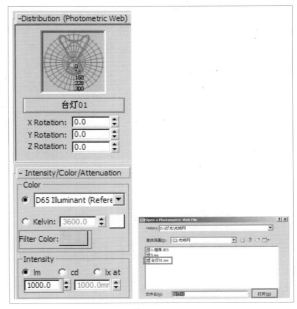

图 5-14

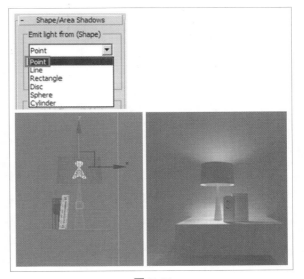

图 5-15

04 在 Open a Photometric Web File 中选择光域网中 1- 推荐 . IES 文件，在窗口中单击文件光源，按 Shift 键向上复制射灯，这时我们只需要更换射灯的 Web 文件就可以了，如图 5-16 和图 5-17 所示的步骤提示。

图 5-16

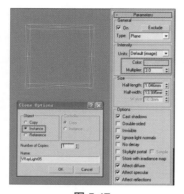

图 5-17

5.2.3 灯带的制作

在室内效果图表现中,灯带是吊顶不可缺少的一部分,我们一般用 VRaylight 来模拟光感柔和细腻。

光盘文件: Chapter05\灯带.max

01 在顶视图中创建 VRaylight,按 F 键切换到前视图,在 Minor 中选择 Y 轴,调整灯光的方向为向上,并将灯光移动到灯槽内,如图 5-18 所示的步骤提示。

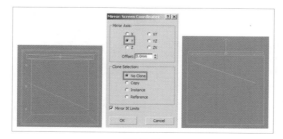

图 5-18

02 创建灯槽内所有的灯带,并将其移动到相应的位置,设置灯光的强度、颜色,步骤提示如图 5-19 和图 5-20 所示。勾选 Affect reflections 复选框后不反射灯光自身。

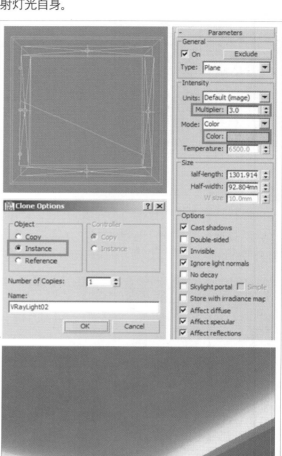

图 5-19

3ds Max室内设计高级案例

本章案例以表现室内客厅效果图为主，并讲解其制作的流程和运用技巧。大家快速掌握操作技巧的同时，能在以后的实际操作中举一反三。

知识点

本章重点讲解室内效果图的制作流程，结合案例对检查场景文件、摄像机的创建、材质的设置、灯管的创建、效果图渲染以及 Photoshop 效果图后期处理等进行讲解。

6.1 创建摄像机和检查模型

创建摄像机和检查模型是室内效果图中首先要做好的第一步，至关重要，希望初学者通过本节的学习，能掌握一套好的方法。

光盘文件：Chapter06\MAX\卧室数模.Zip

6.1.1 创建摄像机

摄像机的创建位置很多时候是由甲方决定的，很多时候你给甲方展示的视角是需要自己把握的。需要记住的是在创建摄像机时应注意画面的构图。

01 我们打开光盘中的 MAX 文件，首先需要创建摄像机，在顶视图中确定摄像机的平面位置，示范如图 6-1 所示。

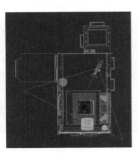

图 6-1

02 按 L 键切换到左视图调整摄像机的高度，如图 6-2 所示。

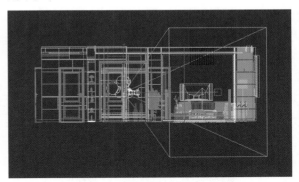

图 6-2

03 按 C 键进入摄像机视图，对这个视图进行检查和评估，看看已选择的摄像机角度是否存在问题，如图 6-3 所示的是摄像机视图。

图 6-3

6.1.2 检查模型是否漏光

好的操作习惯和制作流程会给我们带来事半功倍的效果，检查模型是渲染前必须进行的工作，否则到最后再进行模型和灯光设置修改的话会浪费更多的时间。

01 隐藏窗帘遮挡进光的物体，然后在材质球中制作一个有灰度 VRay 材质，并对漫反射颜色进行设置（R:230、G:230、B:230），其他参数保存默认即可，步骤提示如图 6-4 所示。

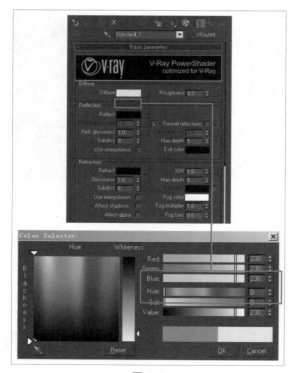

图 6-4

02 打开 V-Ray∶Global switches（渲染面板）卷展栏，将刚才设置的材质球拖到 Overridemtl 后面的按钮上，如图 6-5 所示。

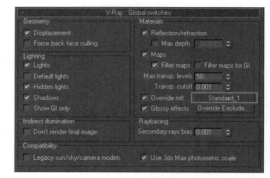

图 6-5

03 在顶视图中创建一个 Omni 光，并设置它的位置，如图 6-6 所示。

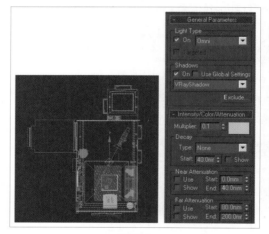

图 6-6

04 打开 V-Ray∶Indirect illumination（GI）（全局光照控制）面板，勾选 On 复选框，设置 Primary bounces 次反射引擎为 Irradiance map，设置 Secondary bounces 引擎为 Light cache，如图 6-7 所示。

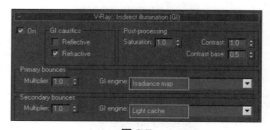

图 6-7

05 设置 V-Ray∷Irradiance map 的参数，如图 6-8 所示。

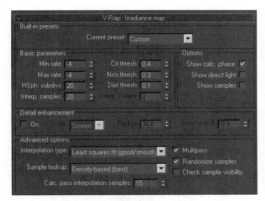

图 6-8

06 设置 V-Ray∷Light cache 的参数，如图 6-9 所示。

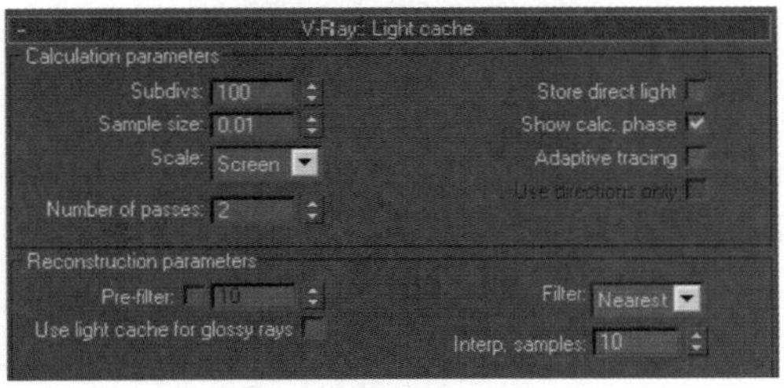

图 6-9

07 切换到 Camer 视图，然后进行测试渲染，效果如图 6-10 所示。测试后并没有发现模型存在漏光的现象，后面我们就可以进行材质和灯光的设置了。

图 6-10

6.2 材质的设定

材质设置顺序一般是从使用的大面积到细节，这样我们可以尽量避免出现遗漏材质的现象，如图 6-11 为设置完成后效果。

图 6-11

6.2.1 地面材质设定

光盘文件： Chapter06\map\石材.jpg

01 首先在 Basic parameters 卷展栏的 Diffuse 通道里添加一个地面纹理贴图。为了增加贴图花纹的清晰度,在 Coordinates 卷展栏中设置 Blur 参数为 0.8;为了增加真实的反射感，在 Refraction（反射通道）里添加一个 Falloff 贴图，并在 Falloff Parameters 卷展栏的 Falloff Type 中设置 Falloff 的衰减方式为 Fresnel， 设置反射颜色参数 R 为 201、G 为 225、B 为 255， 以增加画面的层次感。将 Basicparameters 卷展栏中的 Hilight glossiness 设置为 0.9，使材质产生比较集中的高光区域，这样能使地板材质看上去很光滑；再将这个卷展栏中的 Refl. glossi-

ness 设置为 0.99, Subdivs 为 15。效果如图 6-12 所示。

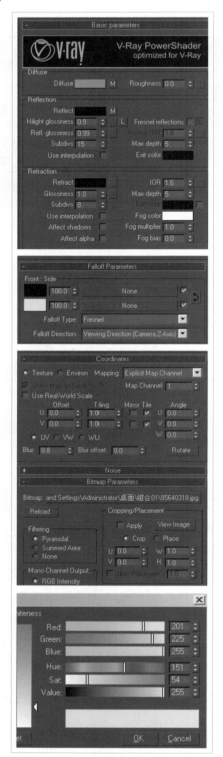

图 6-12

02 为了加强平铺地砖的凹凸感，在 Maps 卷展栏的 Bump 中设置个凹凸贴图。材质设置完成，如图 6-13 的材质设置参数和图 6-14 所示的效果。

图 6-13

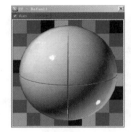

图 6-14

03 在修改面板中为地面添加 UVW Mapping（贴图坐标），设置参数如图 6-15 所示。

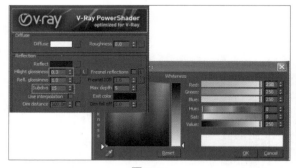

图 6-15

6.2.2 白墙材质设定

01 在 Diffuse 通道设置一组灰度参数（R:250、G:250、B:250），让其颜色附在白墙表面，由于该场景体现的是一个相对高调的效果，因此需要在反射参数中设置一个反射强度，否则高光参数设置是无效的。而且，在赋予反射参数的同时，材质就会有反射，这里就需要关闭 Trace reflections（跟踪反射）。为了有清晰的高光效果，我们将 Subdivs 设置为 15，如图 6-16 所示卷展栏参数。

图 6-16

02 如图 6-17 所示设置完成的白墙材质球效果。通过观察可以看到材质球上有一定的高光，但没有了反射效果。

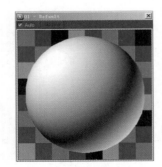

图 6-17

6.2.3 电视背景墙材质设定

光盘文件：Chapter06\map\电视背景墙.jpg

01 该材质需要表现的是在同一平面上的烤漆玻璃，在 Diffuse 通道设置颜色参数（R:12、G:14、B:20），并设置反射颜色参数（R:83、G:89、B:92）。将 Hilight glossiness 设置为 0.95，使材质产生比较集中的高光区域，这样的表面看上去很光滑。把 Refl. glossiness 设置为 1.0，同时为了更好地表现出反射细节，设置 Subdivs 为 20，参数如图 6-18 所示的卷展栏。

图 6-18

02 设置完成的烤漆材质理想的效果，如图 6-19 所示。

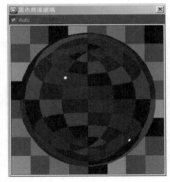

图 6-19

6.2.4 墙纸材质设定

光盘文件：Chapter06\map\墙纸.jpg

墙纸是室内设计中经常采用的材料，有的是有光滑表面的墙纸，有的是带有天鹅绒效果的，这里需要表现的是一张普通的花纹墙纸，因此材质的设置也比较简单。

在 Basic parameters 卷展栏的 Diffuse 通道里设置一张墙纸贴图，并设置 Blur 的参数为 0.6，使材质纹理看上去更加清晰。墙纸都有一定的反射，但这里不需要将墙纸的反射表现出来，因此设置一组反射颜色参数（R:17、G:17、B:17），避免高光参数设置的无效，在设置反射参数的同时，材质也会有反射，因此需要关闭 Trace reflections（跟踪反射），参考图 6-20 和图 6-21 所示设置选项和最终效果。

图 6-20

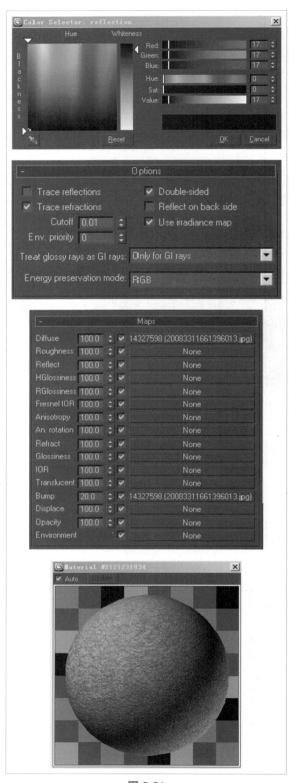

图 6-21

6.2.5 不锈钢材质设定

光盘文件：Chapter06\map\不锈钢·jpg

　　在 Diffuse 通道里设置一组灰色参数（R:70、G:70、B:70），在 Reflection 通道中设置反射颜色参数（R:165、G:174、B:180），设置 Hilight glossiness 为 0.9，Refl. glossiness 为 0.95，并设置 Subdivs 为 10，参数设置及材质球效果如图 6-22 和图 6-23 所示。

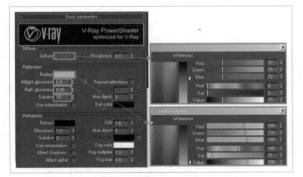

图 6-22

图 6-23

6.2.6 纱帘材质设定

　　在 Diffuse 通道里设置一组颜色参数（R:247、G:247、B:247），在 Refraction 通道中添加 Mix 贴图，并在 Color 1 和 Color 2 中分别添加 Falloff 贴图，随后设置 Color 1 的 Falloff Type 为 Perpendicular/Parallel（垂直／平行），并将衰减颜色调整为新参数组（R:50、G:50、B:50）。设置 Color 2 的 Falloff Type 为 Perpendicular/parallel，并将衰减颜色调为（R:62, G:62, B:62）。由于纱帘本身反射就比较弱，因此不设置反射参数，如图 6-24 所示的参数设置和完成图。

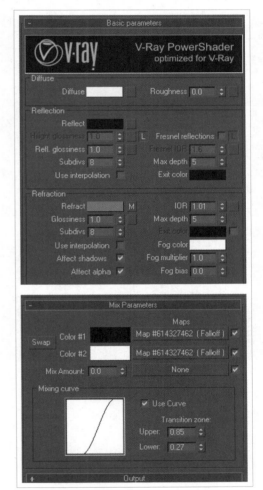

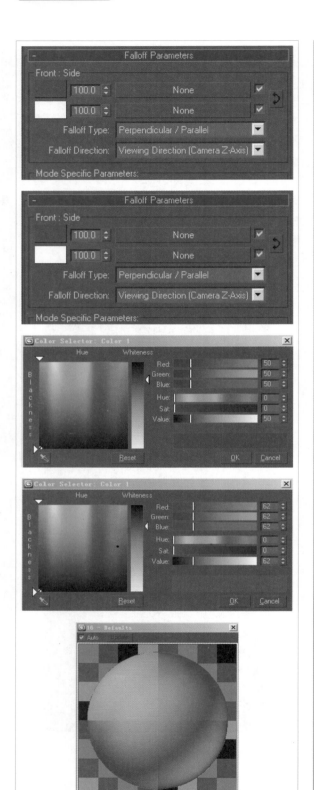

图 6-24

6.2.7 木纹材质设定

光盘文件：Chapter06\map\木纹.jpg

如图 6-25 的参数设置所示，在 Diffuse 通道添加一张木纹的贴图，作为木纹材质的纹理，并将 Blur 设置为 0.3，让纹理更加清晰。由于该场景表现的也是一个相对比较高调的效果，因此需要在反射添加一个 Falloff 并将 Falloff Type 设置为 Fresnel，将 Reflect 的色彩倾向设置为淡蓝色参数 (R:217、G:230、B:255)，并将 Hilight glossiness 设置为 0.88，Refl. glossiness 设置为 0.94，Subdivs 为 15。另外，由于木纹是具有凹凸特征的，所以我们把漫反射贴图中的木纹添加到 Bump 中，并设置强度值为 15。

在漫反射通道中设置一组淡绿色参数（R:0、G:255、B:132），在反射通道中设置反射参数（R:255、G:255、B:255），并勾选 Fresnel reflections 复选框。将 Subdivs 设置为 30，在折射通道设置折射一参数（R:255、G:255、B:255），将 Refraction 的 IOR 设置为 2.0 并将 Refraction 中的 Subdivs 设置为 50，如图 6-26 所示。

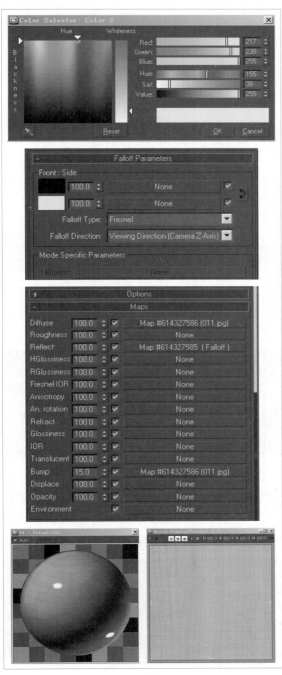

图 6-25

6.2.8 水晶灯材质设定

有很多初学者，不明白玻璃、水晶、钻石等一些透明的材质要怎样设置，因此通过设置这些材质的参数表现出来折射效果，当然在折射中带点色彩，会使得材质更加绚丽。

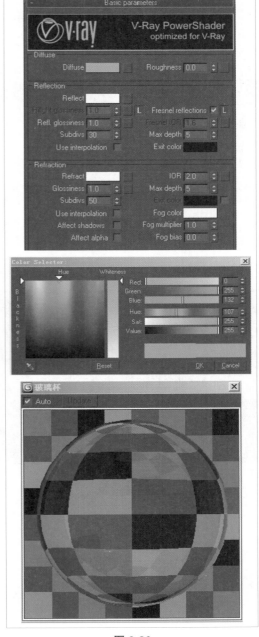

图 6-26

常用的物质折射率简明列表，如表 6-1 所示。

表 6-1

材质	IOR值（折射率）
空气	1.0003
海水	1.200
冰	1.333
水（物理学常温20摄氏度以下）	1.380
30%糖溶液	1.329
酒精	1.160

材质	IOR值（折射率）
热熔石英	1.517
玻璃	1.530
氯化钠	1.570
翡翠	1.610
黄晶二碘甲烷	1.740
红宝石	1.770
蓝宝石	1.770
水晶	2.000
钻石	2.417

6.3 测试渲染参数设置

测试渲染参数是我们用来对场景进行初次测试看小样图的，它可以节约时间提高工作效率。测试效果满意后可直接渲染大图。

光盘文件：Chapter06\MAX\卧室数模.zip

设置测试图像宽度为 640 像素，高度为 400 像素。

01 关闭 Default lights（默认灯光），如图 6-27 所示。

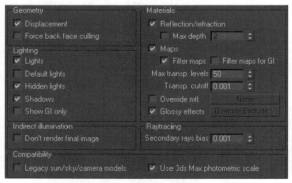

图 6-27

02 在 V-Ray∷Image sampler（Antialiasing 卷展栏中，设置 Type 为 Fixed，将 Antialiasing filter 设置为 Area，Size 值为 1.5，如图 6-28 所示。

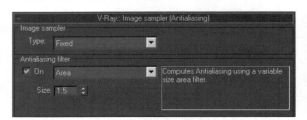

图 6-28

03 关闭 V-Ray∷Environment（环境光面板）中的 GI Environment（skylight）override 天光选项，如图 6-29 所示。

图 6-29

04 设置 V-Ray∷Color mapping 为 Linear multiply（线性）曝光模式，参数如图 6-30 所示。

图 6-30

05 打开 V-Ray∷Indirect illumination（GI）全局光控制面板，勾选 On 复选框，设置首次 GI engine（反弹引擎）为 Irradiance map，设置二次 GI engine（反弹引擎）为 Light cache。如图 6-31 所示。

图 6-31

06 设置 V-Ray∷Irradiance map（发光贴图）的参数，选择 Current preset 为 Custom，参数如图 6-32 所示。

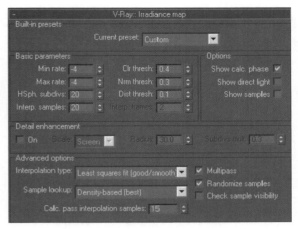

图 6-32

07 设置 V-Ray∷Light cache 的参数，将 Subdivs 设置为 100，参数如图 6-33 所示。

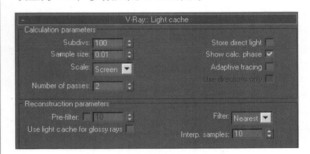

图 6-33

6.4 灯光的设置

在设置光源时，将光源分为"主光源"和"辅助光源"两个部分，主光源用来控制效果图的整体，而辅助光源则是为了控制画面的层次感。

01 首先设置模型的主光源，由于表现的并不是阳光效果，因此将主光源设置为窗口的面光源。在顶视图、前视图创建一面光源，其位置如图 6-34 和图 6-35 所示。

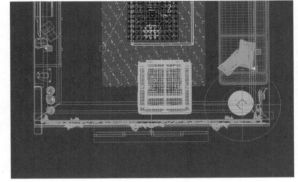

图 6-34

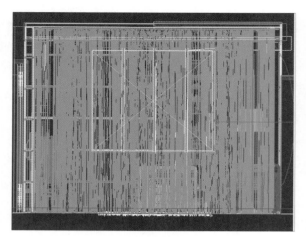

图 6-35

02 光源参数的设置如图 6-36 所示，此处使用较强的蓝光主要是为了考虑与"辅助光源"相配合。背景墙是玻璃材质，为了防止光源的形状倒映在玻璃上，取消勾选 Affect reflections 复选框。

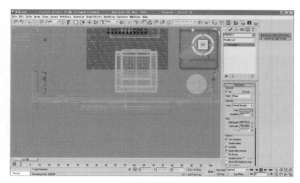

图 6-37

图 6-38

04 观察图 6-38 的图面，发现窗口的进光以及整体层次都不是很好，因此需要创建一个只对窗帘进行照明的面光源。先复制前面创建的面光源并将其向下移动（放在窗口以外就可以），并将灯光的强度值调为 2.5，将灯光设置为只对窗帘有效，其他参数与原面光源一致，如图 6-39 所示的参考内容。

图 6-36

03 为了不让窗帘影响到光线，避免渲染时出现过多的噪波，在灯光中排除"窗帘"物体，操作过程如图 6-37 和图 6-38 所示。

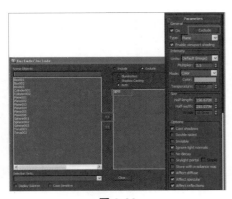

图 6-39

05 设置辅助光源，与模拟同等的灯光为 Target Light，该灯光在顶视图和左视图中的位置如图 6-40 和图 6-41 所示。

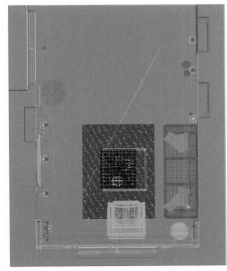

图 6-40

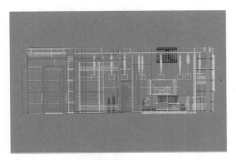

图 6-41

06 3ds Max 中的 Target Light 是可以设置光域网的，打开阴影效果，并设置 Shadows 为 VRay Shadow（VRay 阴影）模式并激活，设置 Light Distribution

（Type）为 Photometric Web，并在 Photometric Web 中设置一个光域网文件 jdsd.ies，设置发光强度为 1000，细分值为 10，如图 6-42 和图 6-43 所示的参数设置。

图 6-42

图 6-43

07 将设置好的光域网采用 Instance 方式复制 3 盏，并将其分别放置在沙发背景、墙面及摄像机背面用来增加层次，步骤提示如图 6-44 所示。

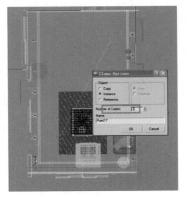

图 6-44

08 设置天花板上灯槽里面的灯带。在天花板上的灯槽里面画一个面光源，如图所示为面光源在顶视图和左视图中的位置，以及灯光参数，如图 6-45 和图 6-46 所示。

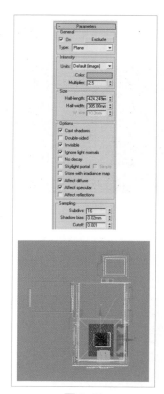

图 6-47

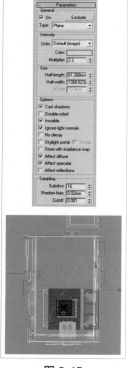

图 6-45

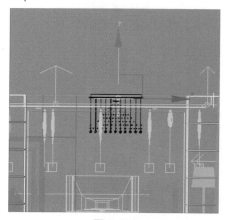

图 6-48

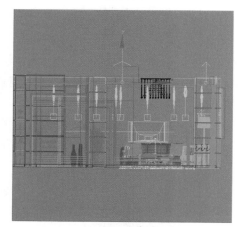

图 6-46

09 下面我们设置天花板上的水晶吊灯。我们可以用面光源来模拟水晶吊灯的光源，面光源在顶视图、左视图中的位置以及灯光设置参数如图 6-47、图 6-48、图 6-49 所示。

图 6-49

10 分析测试效果，发现近处的暖光不够，可能是颜色看起来比较平淡，而且后面比较暗。接下来继续增加暖光源来表现空间的冷暖层次，灯光在顶视图、前视图中的位置和参数如图 6-50 和图 6-51 所示。

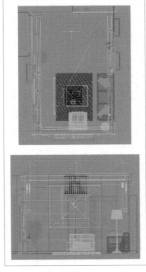

图 6-50

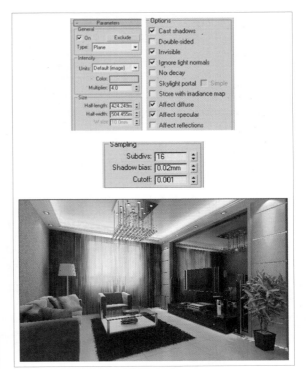

图 6-51

6.5 参数和输出通道的设置

在渲染效果图时设置合理的参数，可以提高工作效率，输出时带通道是为了我们在进行 Photoshop 后期处理时能更为方便的选择。

光盘文件：Chapter06\MAX\卧室数模.zip

01 设置渲染图像的大小，将 Width（宽度）设置为 1500 像素，Height（高度）为 938 像素，如图 6-52 所示。

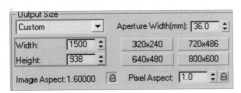

图 6-52

02 设置 V-Ray∷Image sampler（Antialiasing）卷展栏中全局光和抗锯齿的参数，设置 Image sampler（Antialiasing）的类型为 Adaptive subdivision，由于这种抗锯齿方式在渲染出图时会比较浪费时间，因此保持默认参数即可。Antialiaising filter（抗锯齿过滤器）选择 Catmull-Rom 并将其激活，如图 6-53 所示。

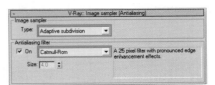

图 6-53

03 设置 Primary bounces 的 GI engine 为 Irradiance map，Secondary bounces 的 GI enginei 为 Light cache；设置 HSph.subdivs 为 50，设置 Interp. Samples 参数为 30，其他参数设置如图 6-54 至图 6-58 所示。

图 6-54

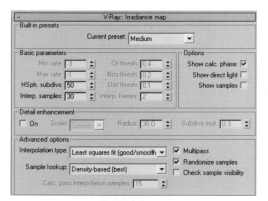

图 6-55

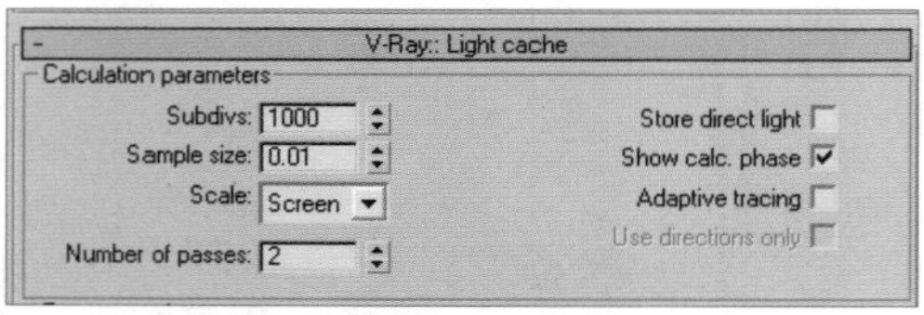

图 6-56

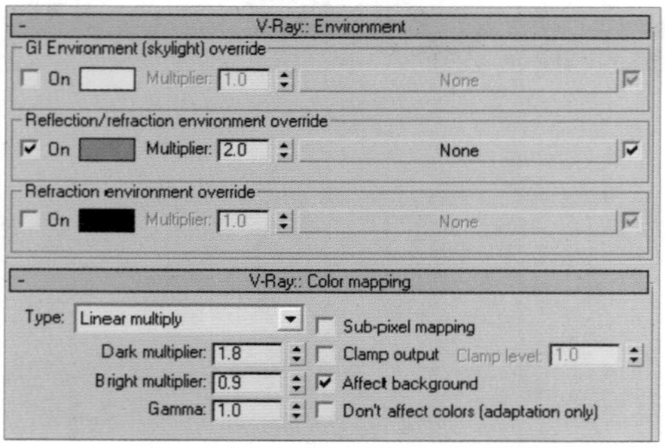

图 6-57

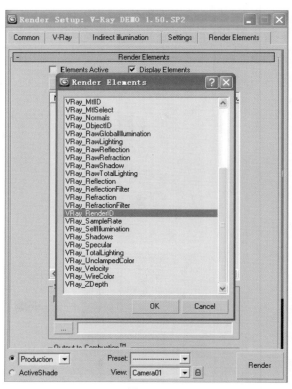

图 6-58

6.6 Photoshop 后期处理

　　Photoshop 是一款图像处理软件，我们制作的室内效果图、建筑表现效果图一般都会用它进行后期的处理，它不但可以弥补渲染中的不足，还可以使整个画面的效果更出色。

> **光盘文件**：Chapter06\psd\完成图.jpg，
> 　　　　　　Chapter06\psd\完成图.psd

01 使用 Photoshop 打开渲染完成的图像，把背景复制一个副本，便于在后面的操作中失误时存留备份，步骤提示如图 6-59 所示。

图 6-59

02 将通道图形拖曳到图层中，并将其放置在需要设置的图层下面，以便选择，如图 6-60 所示。

图 6-60

03 选择背景副本，按快捷键 Ctrl+M 打开"曲线"对话框，对曲线进行调整，如图 6-61 所示。

图 6-61

04 我们发现地毯较暗，使用色彩范围的快捷键 Alt+S+C 选择图中的地毯，按Ctrl+J 快捷键复制一个新图层，然后按 Ctrl+M 快捷键打开曲线对话框，调节曲线，如图 6-62、图 6-63 所示。

图 6-62

图 6-63

05 单击魔棒工具（范围不够可以按住 Shift 键加选，按住 Alt 键则为减选），选择电视背景墙，再按 Ctrl+J 复制图层后进行"曲线"调节，方法与 04 步骤相同，效果如图 6-64、图 6-65 所示。

TIP

> 选择图层属性并为图层命名，这样可以方便我们以后的修改和查找，特别是在做建筑表现效果图时，这个步骤非常重要。

图 6-64

图 6-65

06 使用同样的方法通过色彩范围和曲线等功能对其他需要调整的地方进行调整，效果如图 6-66 和图 6-67 所示。

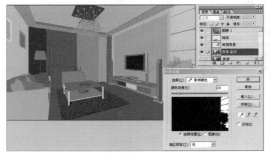

图 6-66

图 6-67

07 按快捷键 Ctrl+E，将所有复制出来的图层进行合并，效果如图 6-68 所示。

图 6-68

08 按组合快捷键 Shift+Ctrl+Alt+ ~ 选择整个图层的亮部，再按快捷键 Ctrl+J 复制亮部图层，效果如图 6-69 所示。

图 6-69

09 执行"滤镜 > 模糊 > 高斯模糊"菜单命令，在系统弹出的对话框（高斯模糊）中进行参数设置，如图 6-70 所示。

图 6-70

10 在图层中添加一个图层蒙版，使用画笔工具在图层蒙版中对其适当擦除，步骤提示如图 6-71 所示。

图 6-71

11 复制背景副本为背景副本 2，执行"滤镜 > 锐化 > USM 锐化"菜单命令，在系统弹出的 USM 锐化对话框中进行参数设置，如图 6-72 所示。

图 6-72

12 在图层中添加一个图层蒙版，使用画笔工具在图层蒙版中对其适当擦除，如图 6-73 所示。

图 6-73

13 为图层添加照片滤镜，步骤如图 6-74 和图 6-75 所示。

图 6-74

图 6-75

14 Photoshop 调整后的最终效果如图 6-76 所示。

图 6-76

3ds Max建筑表现速成技法

建筑表现图就是人们常说的效果图，就是在建筑、装饰施工之前，通过施工图纸，把施工后的实际效果用真实和直观的视图表现出来，让大家能够一目了然地看到施工后的实际效果的图片。如果您稍加注意，就会发现，我们路过施工工地，经常会看到工地上树立的广告牌中画出了工程施工后的实际效果，其实那就是效果图。简单的说效果图是将一个还没有实现的构想，通过我们的笔、电脑等工具将它的体积、色彩、结构提前展示在我们眼前。

知识点

本章通过 AutoCAD 与 3ds Max 相结合的讲解，为读者提供在建筑表现中所常用的方法与步骤，使学习者更加有效率地完成表现效果图的制作。

CHAPTER 07

创建建筑模型

创建场景模型是进行建筑效果图表现的基础，建筑建模的方法有很多，在此我们介绍两种比较常用的方法，即根据 AutoCAD 图纸建模和根据图片建模。

知识点

本章以办公楼和别墅为例讲解了根据 AutoCAD 图纸建模和根据图片建模的两种建模方法，希望为读者带来收获，大家也可以根据书中内容选择自己喜欢的方法。

7.1 根据 AutoCAD 创建公共建筑模型

根据 AutoCAD 图纸建模是较为常见的方法，这样有利于我们制作出尺寸精准的模型以及对建筑的观察。

7.1.1 一层模型的制作

创建模型从底层开始，有利于对建筑结构的理解。

01 打开一个新的 3ds Max 选择 Customize/Units Setup 命令，将系统单位设置为"Metres"，如图 7-1 所示。

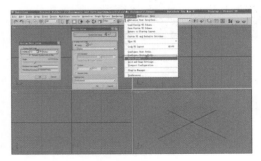

图 7-1

02 在菜单栏中选择 File\Merge 按钮，将我们保存好的"一层 .dwg."的文件导入。由于 AutoCAD 操作界面通常都是以毫米为系统单位，而在 3ds Max 中，我们将系统单位设置为"米"，所以在导入时，我们需要勾选 Scale 栏中 Rescale 复选框，并将导入文件的单位设置为"Millimetre"，如图 7-2 所示。

图 7-2

03 导入后，单击修改按钮对导入的图形进行编辑，注意导入图形后有可能并不是一个整体的文件，我们可以先将所有的图形全部 Attach 在一起，再选择可编辑样条线的 ⋯（顶点次物体级）按钮，框选所有点以后单击按钮 Break 按钮，先对其打散，再选择所有的点单击按钮 Weld，将其全部焊接在一起，如图 7-3 所示。

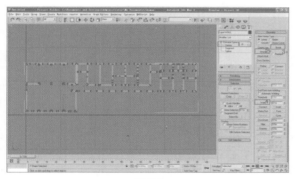

图 7-3

04 焊接完毕后，仔细检查，将多余的点和线段删除，然后再次将所有点焊接，确保场景中所有线段都是完整封闭，然后使用 Extrude 命令，设定 (挤出高度)，并将其转换为可编辑多边形，如图 7-4 所示提示内容。

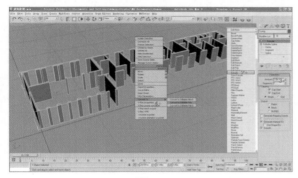

图 7-4

05 导入前面的立面图和后面的立面图以及侧面的立面图，并在平面图中找出窗户和门洞的位置，然后在 3ds Max 中，进入可编辑多边形命令的边次物体级，选中窗框和门框的四条边线。单击 Connect 按钮，给门框添加一条新的线，再给窗框添加一条新的线，如图 7-5 所示。

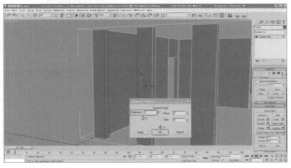

图 7-5

06 进入可编辑多边形的顶点次物体级，编辑新增线段的端点，对照我们导入进来的 AutoCAD 图形进行编辑，将顶点调整到合适的地方 (窗框高度为 1.35m)，效果如图 7-6 和图 7-7 所示。

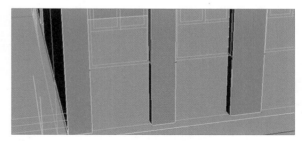

图 7-6

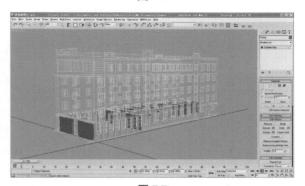

图 7-7

TIP
▶ 按住键盘中 Ctrl 键加选窗台的两个侧面，再单击 Bridge (桥接) 按钮。

07 高度调整完成后，单击编辑按钮■，进入可编辑多边形的多边形次物体级，选中新增加线段上方或下方的多边形，在编辑多边形卷展览中单击 Bridge 按钮，将门框和窗框两边的多边形连接，这样门洞和窗洞就创建完毕了，效果如图 7-8 所示。

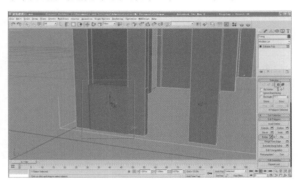

图 7-8

08 讲到这里，我们第一层主体创建完毕。接下来，我们将要创建第一层的顶面，首先依次单击选择 Line 二维编辑器 / 线段，打开捕捉 2.5，在顶视图中勾画出底层墙体的封闭外框线，如图 7-9 和图 7-10 所示的步骤提示。

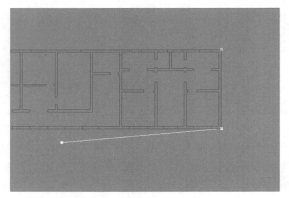

图 7-9

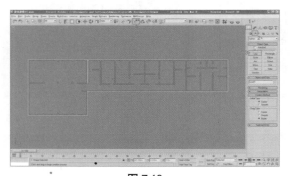

图 7-10

09 单击修改中的 Outline（多边形阔线）按钮，将尺寸设置为 - 0.05m，这样原线条向外扩张了 0.05 米生成新的样条线。然后将原来的样条线删掉，并挤出 0.3m，再转换为可编辑多边形，如图 7-11 和图 7-12 所示的步骤提示。

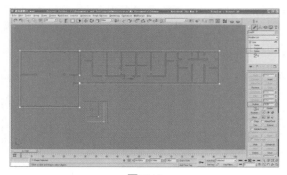

图 7-11

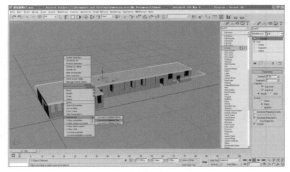

图 7-12

10 选中顶部的面，依次选择多面 / 挤出 / 保存命令，之后将高度设置为 0.1m，如图 7-13 所示。

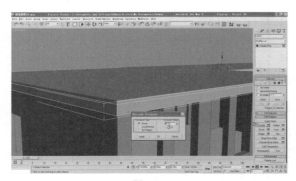

图 7-13

11 在选中挤出过后，四边的面再挤出 0.05m，现在我们整个一层框架就做好了，如图 7-14 所示。

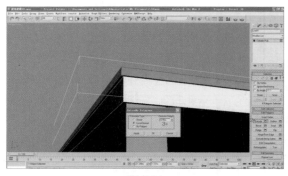

图 7-14

TIP

▢ 接下来我们学习这个建筑中门和窗户的制作。

门窗是建筑中必不可少的一部分，一般情况下公共建筑的门窗比较多，接下来我们讲解如何用线快速制作门的窗户。

01 我们需要在窗户洞和门洞做出窗户和门。首先依次单击 🖱 > 🔧 > Rectangle 按钮，打开捕捉 2.5，在前视图中对照我们导入进来的立面图，画出我们窗框的形状，并挤出 0.1m，参考如图 7-15 和图 7-16 所示的设置。

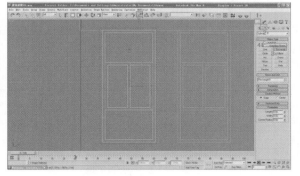

图 7-15

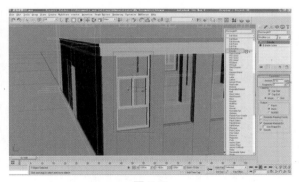

图 7-16

02 当我们把窗户做好后，我们要选中窗框，同时按住键盘上的 Shift 不动，单击鼠标左键并拖动窗框到指定的位置，采取关联复制的方式进行复制，如图 7-17 和图 7-18 所示的步骤提示。

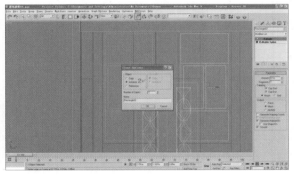

图 7-17

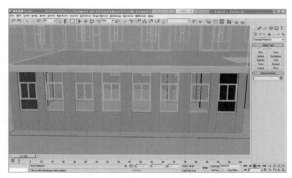

图 7-18

03 按照我们做窗户的方法，我们将做出门框的模型，放在指定的位置参考图像如图 7-19 所示。

图 7-19

TIP

▶ 门和平开窗做完后，学习制作飘窗的方法。

01 我们在要做飘窗的地方画两个长、宽、高分别为 0.24m、1.8m、0.6m 的 Box（盒子）如图 7-20 所示。

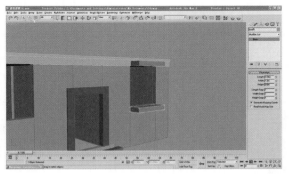

图 7-20

02 依次选择按钮图标 🖱 > 🔧 > Rectangle 按钮，画一个长宽分别为 0.54m、1.8m 的矩形，再将其转化为 Spline，选择按钮 ✏ 编辑线段，再选择靠近墙体的那条线段，将其删掉，然后选择 Rendering 勾选 Enable In Renderer 和 Enable In Viewport 复选框，将

Thickness 设置为 0.05m，sides 为 45，Angle 为 45，如图 7-21 所示。

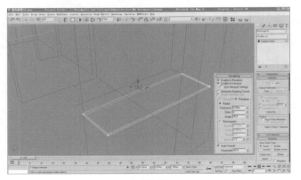

图 7-21

03 在选择窗户前的台面位置的一根线用 Divide 分段出一条，并且勾选 Connect 复选框，选中所有的线段，在前视图中，按住 Shift 键不动，沿着 Y 轴向上拉动，如图 7-22 和图 7-23 所示的参数和步骤提示。

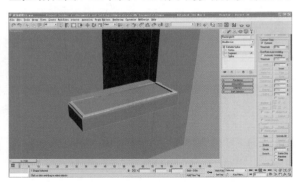

图 7-22

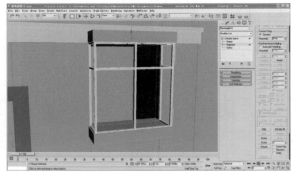

图 7-23

04 选择上面线条中间的点将其删掉，如图 7-24 所示。

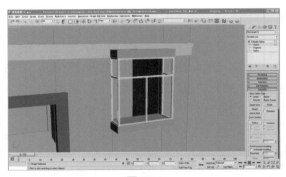

图 7-24

05 制作百叶窗同我们做飘窗的方法一样，先绘制一个长宽分别为 0.54m、1.8m 的矩形，再将其转化为 Spline，将靠近墙体的那条线段删掉，再选择勾选 Enable In Renderer 和 Enable In Viewport 渲染，将 Thickness 设置为 0.05m，sides 为 4，Angle 为 45。再勾选 Connect 复选框，选中所有的线段，在前视图中，按住 Shift 键不动，沿着 Y 轴向上拉动，如图 7-25 所示。

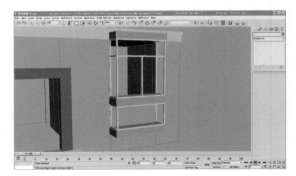

图 7-25

06 在前视图中画一个长宽分别为 0.004m、1.8m 的面，并将面的所有段数全部改为 1 段。并沿着 Z 轴旋转 35 度，如图 7-26 所示。

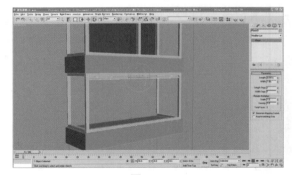

图 7-26

07 在前视图中选择面片，在按住键盘中 Shift 键不动并拖曳鼠标沿 Y 轴移动，以关联复制的方式复制面片，将百叶窗摆满，两侧百叶和做前面百叶的一致，如图 7-27 所示。

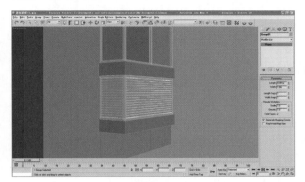

图 7-27

08 首先选择二维编辑面板中的 Line，打开捕捉器为 2.5，在顶视图中勾画出窗框的框线，再选中 Extrude 命令对其挤出 1.95m，给它加上 Shell 命令，并给予它一个厚度，厚度值为 0.01m，如图 7-28 所示提示。

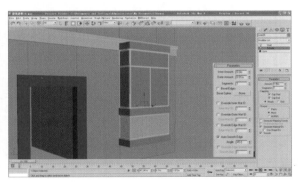

图 7-28

7.1.2 二层模型的制作

01 在菜单中选择 File/Merge，将我们保存好的 "2-4 层.dwg." 文件导入，并将导入文件的单位设置为 metres，如图 7-29 所示。

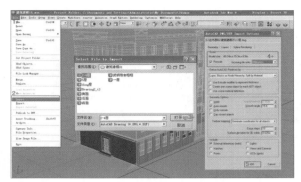

图 7-29

02 导入模型后，我们用做第一层的方法做出第二层。先将导入进来的 AutoCAD 图形，全部焊接 Attach 在一起，再将所有的点焊接，删除多余的点和线段，再对其挤出 3.3m。挤出后将其转化为 Poly 编辑器，进入可编辑多边形命令的边次物体级，选中窗框和门框的四条边线。再单击 Connect 按钮，给窗框添加两条新的线，进入可编辑多边形的顶点次物体级，编辑新增线段的端点，对照我们导入进来的 Auto-CAD 立面图形进行编辑，将顶点调整到合适的地方（窗框最低高度为 5.25m，最高高度为 7.25m），高度调整完成后，图形编辑器进入可编辑多边形的多边形次物体级，选中新增加线段上方或下方的多边形，在编辑多边形卷展览中单击按钮 Bridge，将门框，窗框两边的多边形连接，这样门洞，窗洞就创建完毕了，如图 7-30 至图 7-33 所示的步骤。

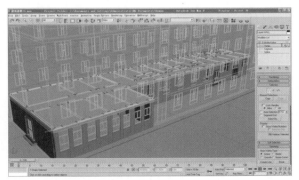

图 7-30

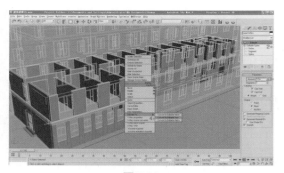

图 7-31

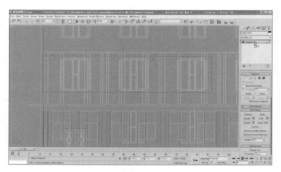

图 7-32

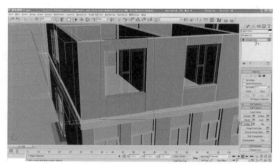

图 7-33

03 我们把第二层的框架结构做好过后，采用第一层上面窗户的制作方法做出窗户，如图 7-34 至图 7-36 所示的步骤。

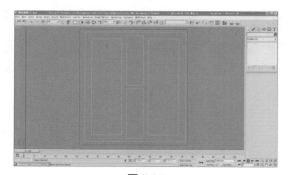

图 7-34

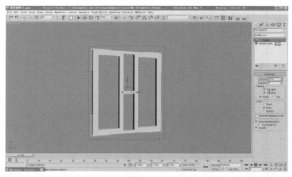

图 7-35

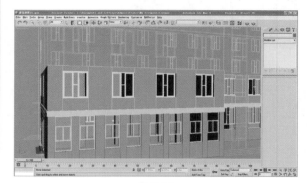

图 7-36

04 当我们把第二层的所有墙体和窗户都做好之后，我们把墙体和所有的窗户全部群组起来，再往上以关联复制的方式复制出 3、4 层出来（我们通过观察 AutoCAD 中的图形，可以发现我们的 2、3、4 层的结构是完全一样的）。用鼠标框选整个第 2 层（墙体和窗框），再单击菜单中的 Group>Group 按钮，对整个二层进行群组，并将其名为 2 层，如图 7-37 所示。

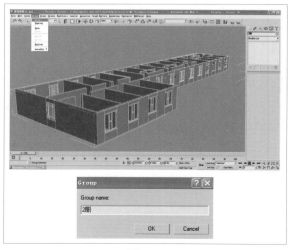

图 7-37

05 群组完成后，打开2.5捕捉 ，按住键盘上的 Shift 键不动，选中二层，按住鼠标左键并拖动鼠标移动，如图7-38和图7-39所示的步骤。

按钮，将门框和窗框两边的多边形连接，这样我们的门洞和窗洞就创建完毕了，如图7-40至图7-43所示的步骤。

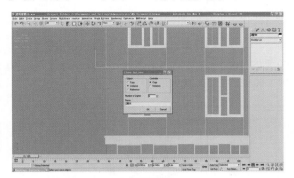

图 7-38

图 7-40

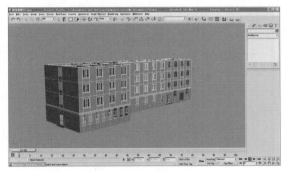

图 7-39

图 7-41

7.1.3 顶层模型的制作

01 在菜单中选择 File/Merege，将我们保存好的 AutoCAD 文件5层.dwg.文件导入。并将导入文件的单位设置为 millimetre。导入模型后，我们用做第一层和第二层的方法做出第五层。先将导入进来的 AutoCAD 图形，全部 Attach 在一起，在将所有的点焊接，删除多余的点和线段，再对其进行挤出3.9m。挤出后将其转化为 Poly，进入可编辑多边形命令的边次物体级，选着窗框，门框的四条边线。单击 Connect 中的编辑器，给窗框添加一条新的线，进入可编辑多边形的顶点次物体级 ，编辑新增线段的端点，对照我们导入进来的 AutoCAD 立面图形进行编辑，将顶点调整到合适的地方（窗框高度为15.15m）。高度调整完成后，进入可编辑多边形的多边形次物体级，选中新增加线段上方或下方的多边形，在窗口右侧编辑多边形的卷展栏中单击 Bridge

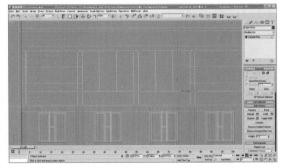

图 7-42

图 7-43

02 我们把第五层的框架结构做好过后，用在第一层和第二层上面做窗户的方法做出窗户，如图 7-44 和图 7-45 所示。

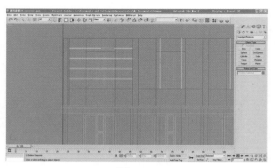

图 7-44

图 7-45

03 我们把第五层的框架结构做好过后，我们可以做出第五层的顶面。和做第一层的顶面是一样的，首先单击二维模式中的 Line 按钮，打开 2.5 捕捉器，在顶视图中勾画出底层墙体的封闭外框线。依次单击修改图标 / 线编辑图标 /outline，将尺寸设置为 -0.05m，这样原线条向外扩张了 0.05 米生成一条新的样条线，然后将原来的样条线删掉，并挤出 0.3m，如图 7-46 所示。

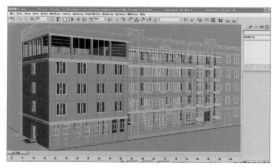

图 7-46

04 我们把第五层做完之后，可以再把建筑的顶面做出来。

（1）我们对照左边建筑的框架画出上面的顶面。选择修改图标 / 线编辑图标 /outline 选项，将尺寸设置为 -0.24m，这样原线条向外扩张了 0.24 米生成一条新的样条线。然后再对其挤出 1m，如图 7-47 和图 7-48 所示的步骤。

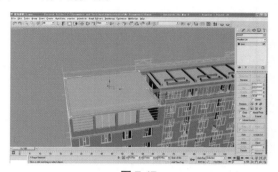

图 7-47

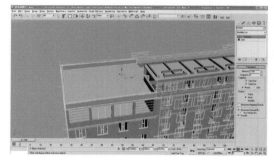

图 7-48

（2）我们对照右边边建筑的框架画出上面的顶面。单击修改器中的线的 outline 按钮，将尺寸设置为 -0.24m，这样原线条向外扩张了 0.24 米生成了一条新的样条线。然后再对其挤出 0.7m，如图 7-49 和图 7-50 所示。

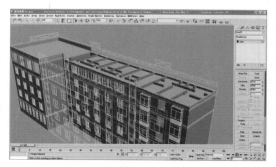

图 7-49

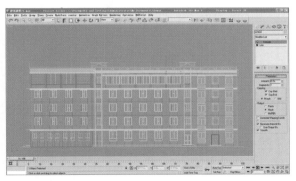

图 7-50

（3）右边的顶面做好后，我们需要对右边进行封顶。我们对照刚刚做的右边的顶面再描一遍边线（将其描成闭合的曲线），单击 Outline 按钮，将尺寸设置为 −0.05m，这样原线条向外扩张了 0.05 米生成一条新的样条线。然后将原来的样条线删掉，并挤出 0.3m，如图 7-51 和图 7-52 所示步骤。

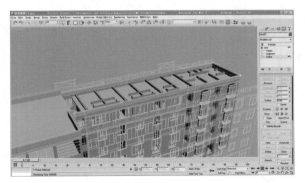

图 7-51

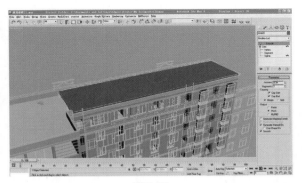

图 7-52

05 将顶层做完后，我们可以做出顶层的栏杆。对照着顶层，选择二维编辑器中的 Line 按钮，打开捕捉 2.5 按钮，在顶视图中勾画出底层墙体的封闭外框线，

单击 Outline 按钮，将尺寸设置为 −0.35m，这样原线条向外扩张了 0.35 米生成一条新的样条线。然后将原来的样条线删掉，并挤出 0.2m，如图 7-53 和图 7-54 所示步骤。

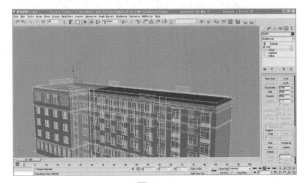

图 7-53

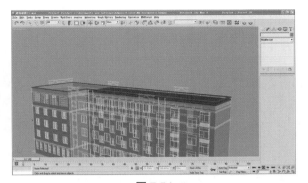

图 7-54

06 当我们大的护栏做好，我们可以在底下的做撑杆。依次单击 Rectangle 按钮，打开按钮 2.5 捕捉，在前视图中勾画出栏杆的框线，再单击 Extrude 命令对其挤出 0.2m，如图 7-55 和图 7-56 所示步骤。

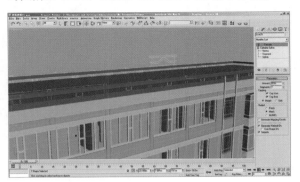

图 7-55

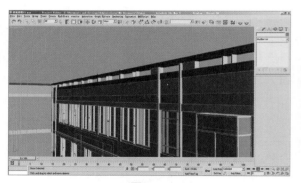

图 7-56

07 当我们把楼顶的栏杆做好后，我们也已将楼顶上面的小房子做出来，单击 Box 按钮，画一个长宽高分别为∶∶7.86m、3.24m、1.5m 的立方体，再单击选项卡 Line，打开 2.5 捕捉，在前视图中勾画出外边的框线，再使用 Extrude 命令对其挤出 9.14m，如图 7-57 至图 7-59 所示步骤。

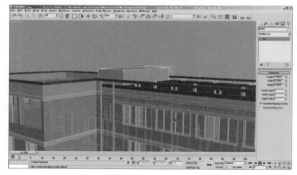

图 7-57

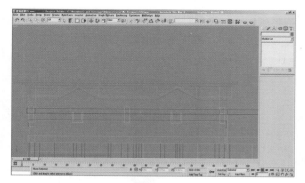

图 7-58

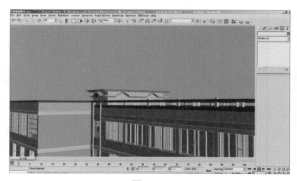

图 7-59

08 这样我们的整体建筑就做好了，现在我们需要给每一楼层添加玻璃，单击 Plane 按钮，在需要做玻璃的位置画一个合适的面，如图 7-60 所示。

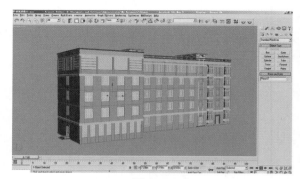

图 7-60

09 这样我们的整个建筑就做好了，现在我们需要将整个建筑所有同一材质的物体全部焊接 Attach 在一起。将所有附着玻璃材质的物体全部选中按 Alt+Q 键独立出来，将其转换为 Poly 编辑器，再选择一个物体，依次单击 Attach > All > Attach 按钮，如图 7-61 所示。

（1）玻璃与物体的 Attach（焊接）的方法。

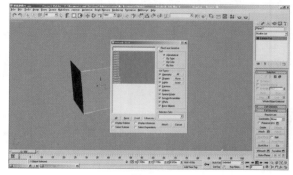

图 7-61

(2) 方法同上,将所有相同材质的物体 Attach 在一起,
如图 7-62 所示步骤。

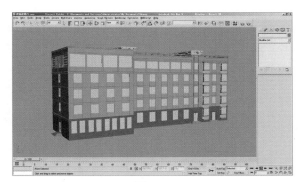

图 7-62

7.2 根据图片创建别墅模型

　　根据图片建模不仅需要耐心,还需要我们能很
好的理解建筑结构,把握好建筑的形体比例。在
3ds Max 中我们就能很轻松的完成,因为它能很方
便、随意地修改。

7.2.1 别墅墙体的制作

01 在我们对别墅建模之前,我们先要观察图片中模
型的结构。首先我们的别墅有 3 层,还包括房顶、
二层和三层的阳台,屋顶上的老虎窗,效果如图 7-63
所示。

图 7-63

02 我们把房型的结构分析清楚后,就可以对照图片
进行模型的制作。先将场景的单位设置为 millmeters
(毫米),画一个长宽高分别为 6000mm、10000mm、
3500mm 的立方体,并将其转换为 Poly 编辑器,如
图 7-64 所示。

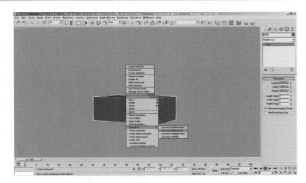

图 7-64

03 选择立方体的 4 条边,单击 Connect 按钮,分
出一条线段。并对照图片调整到合适的位置,如图
7-65 所示。

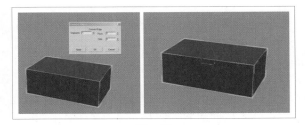

图 7-65

04 选中前面分离出来的面使用挤出功能,挤出
2000mm 的体块,如图 7-66 所示。

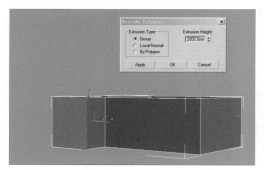

图 7-66

05 一层的大体结构做完后我们可以把一层的顶面做出来。选中一层按住键盘上的 Shift 键不动，向上拖动，把一层复制出来，选择点编辑器，把各个点调整到合适的位置，并调整它四周与一层有交错，如图 7-67 所示。

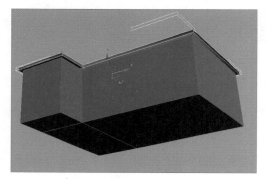

图 7-67

06 一层的顶面做完后我们现在就可以第二层和第三层了。选择第一层，并使用复制的方式复制第一层，放在合适的位置，并对照图片调整二层的形状大小，如图 7-68 所示。

图 7-68

07 选中线使用 Connect，连接一条线段，并对照图片将线段调整到合适的位置，如图 7-69 所示。

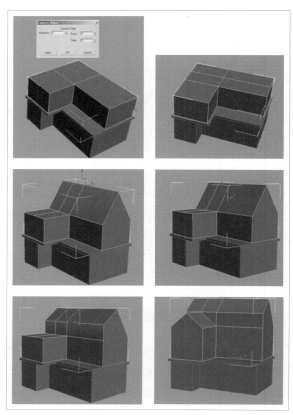

图 7-69

08 将这里的两个点焊接在一起，单击 Weld 按钮，框选这两个点，如图 7-70 所示步骤。

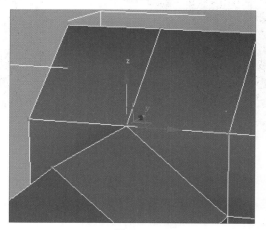

图 7-70

09 细化第二层和第三层的模型。

（1）将断线用连点的方式（使用 Connect 按钮）连接起来，方便后面对模型的修改，如图 7-71 所示。

图 7-71

（2）将二层和三层的分割先做出来，如图 7-72 所示。

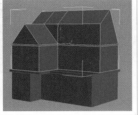

图 7-72

10 对照图片做出屋顶上面的老虎窗。选择 Line 按钮，对照图片画出老虎窗的外形，单击编辑线的按钮为 ⌃，框选所有的样条线使用 Outline 进行阔边，并使用 Extrude 命令进行挤出，如图 7-73 所示步骤。

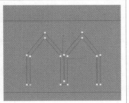

图 7-73

11 删除中间的三条线段，并将点合并，再选择修改 /Modifier List/Extrude 对其进行挤出 1200mm，如图 7-74 所示。

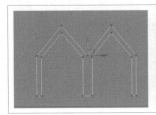

图 7-74

12 对第一层进门处，屋顶的制作。单击 Line 选项，对照图片画出屋顶的外形，在使用 Extrude 命令进行挤出 3000mm，如图 7-75 所示。

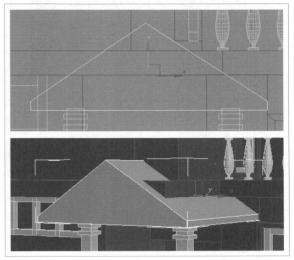

图 7-75

13 现在我们整个房子的大体外形结构已经做好了，我们就需要做模型的细化。制作门窗模型和门前台阶护栏，选择对应的两条线单击 Connect 按钮连接两条线段，在选择连接出来的两条线段，在连接两条线段，并且调整点到合适的地方，如图 7-76 所示的步骤。

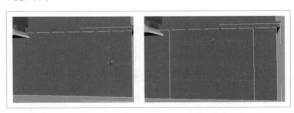

图 7-76

14 选中中间分出来的面，使用 Inset 向里面嵌入 80mm 的厚度，步骤如图 7-77 所示。

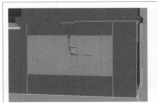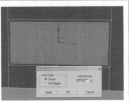

图 7-77

15 在选择中间嵌入出来的面，使用 Extrude 按钮向内挤出−2000mm，如图 7-78 所示。

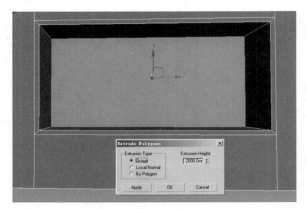

图 7-78

16 窗户的进深已经确定，现在可以选中嵌入过后的 4 个面进行挤出−100mm 的厚度，做出窗框的厚度，如图 7-79 所示。

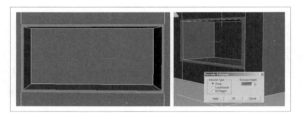

图 7-79

17 现在我们窗框就做好了，我们需要做出窗户的窗门，单击 Box 按钮，并打开捕捉，在顶视图中对照我们刚刚嵌入的面进行捕捉出一个宽高 100mm 的立方体，并将其转换为 Poly 编辑器，如图 7-80 所示。

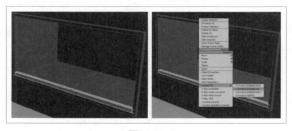

图 7-80

18 如图 7-81 所示，选择图中的四条线段，使用 Connect 连接两条线段，并调整点到合适的地方，再选择两侧的面并对其进行挤出。

图 7-81

19 在选择两侧的线段连接出一条线段，并调整点到合适的位置，如图 7-82 所示。

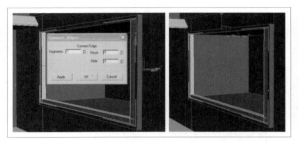

图 7-82

20 如图 7-83 所示，选中上面的两个小面，单击 Bridge 按钮，把两个面桥接起来。

图 7-83

21 如图 7-84 所示选中上下两条线，使用 Connect 按钮连接三条线段。

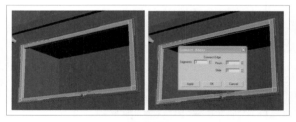

图 7-84

22 选中图 7-84 中刚刚连接出来的六条线，并使用 Chamfer 切分出相距 40mm 的两条线段，如图 7-85 所示步骤提示。

图 7-85

23 如图 7-86 所示，选中图中的面，单击 Bridge 按钮，把这些面桥接起来。

图 7-86

24 退出 Poly 编辑器，移动整个窗框，让其离窗框有一定距离，如图 7-87 所示。

图 7-87

25 窗户的做法与前面部分相同，现在我们把整个房子的窗户全部做好，如图 7-88 所示。

图 7-88

26 建筑的尾顶上面有半圆的窗户，我们可以用图形合并的方法来制作上面圆弧的窗框。我们先在指定的位置画一个矩形框，并转化 Spline，选中上面的两个点使用 Fillet 按钮，对其圆角，如图 7-89 所示。

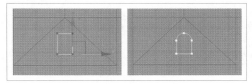

图 7-89

27 在立体编辑器中 Compound objects/ShapeMerge/Pick shape 按钮，拾取我们刚刚画的矩形框。这样我们房子上面就映射上了我们刚刚画的矩形框。再将我们的楼层转化为 Poly 编辑，挤出刚刚映射出来的面，再做出窗框，如图 7-90 所示。

图 7-90

28 选择图 7-90 中刚刚用来做图形合并的线，单击线编辑按钮，选中所有的样条线，单击 outline 按钮阔边 30mm，并对其进行挤出 50mm，并转化为 Poly，如图 7-91 所示。

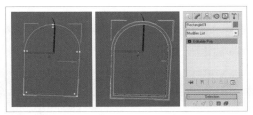

图 7-91

29 选择窗框两边的面单击 Bridge 按钮，对其进行桥接，如图 7-92 所示步骤。

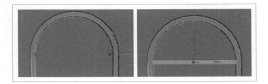

图 7-92

30 选择两条线单击 Connect 按钮连接一条线段，并单击 Chamfer 按钮切分出相距 20mm 的两条线段，如图 7-93 所示。

图 7-93

31 如图 7-94 所示，选择上下的两个面单击 Bridge 按钮，对其进行桥接。

图 7-94

7.2.2 装饰结构的制作

现在我们整个房子的大体结构已经做好了，下一步进行体块模型装饰，先对进门口台阶进行制作，如图 7-95 所示。

01 单击 Box 按钮，在门口创建一个立方体，并转换为 Poly 编辑器。

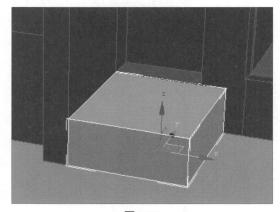

图 7-95

02 选择前面的两条前的两条线，再单击 Connect 按钮连接 5 条线段，再对其分出来的面的挤出，将两旁也挤出一段距离，如图 7-96 所示。

图 7-96

03 台阶做好后，我们做门前的柱子。创建一个立方体，再到柱子上面画做出两个小的 Box 作为装饰，然后复制到另一端，效果如图 7-97 所示。

图 7-97

04 做台阶两旁的护栏。先创建一个立方体，将其转换为 Poly 编辑器，再选择四条线单击 Connect 按钮连接出一条线出来，并对其调整，如图 7-98 所示。

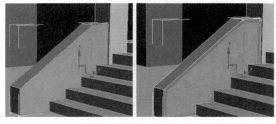

图 7-98

05 选择按钮两旁的面，单击 Inset 按钮并嵌入数值为 20mm 完成护栏形体调整，如图 7-99 所示。

图 7-99

06 如图 7-100 所示，选择护栏底下的两条边线，单击 Connect 按钮连接护栏单面的两个点，再对其进行形体调整连点提示。

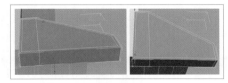

图 7-100

07 如图 7-101 所示，选择周边的面并对其挤出一定的厚度，再将其复制到另一端。

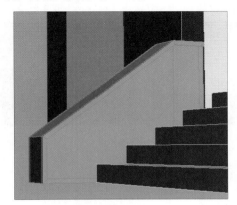

图 7-101

7.2.3 栏杆的制作

下面我们来学习栏杆的制作。

01 单击二维线编辑器的 Line 按钮，对照图片画出栏杆支撑柱的外形，再单击 Lathe 按钮，做出支撑柱的外形，如图 7-102 所示。

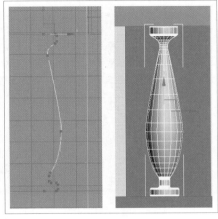

图 7-102

02 我们按住键盘中的 Shift 键不动，按住鼠标左键拖动它，对其进行关联复制，如图 7-103 所示步骤。

图 7-103

7.2.4 屋顶的制作

下面我们来学习建筑屋顶的制作。

01 选择 Line 按钮，对照房顶画出屋顶的外形，再选择 outline 阔边，并调形挤出，最终做出屋顶的结构，步骤提示与效果如图 7-104 和图 7-105 所示。

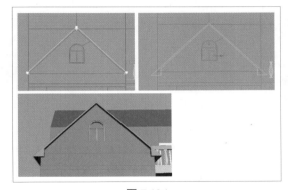

图 7-104

图 7-105

02 建筑屋顶做好后，我们再来做一层的屋顶侧面。先将屋顶向上复制一层，再将原本的屋顶转换成 Poly 编辑器。对其使用 Inset（嵌入），并将各点焊接，如图 7-106 所示步骤。

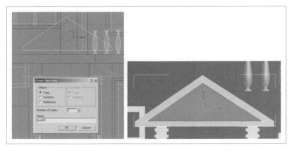

图 7-106

03 选择三角面的三条边线，使用 Chamfer，对其进行切分，如图 7-107 所示。

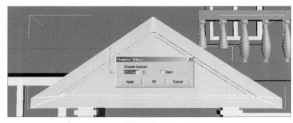

图 7-107

04 单击我们之前复制出来的线条的编辑线段按钮，删掉底下的线段，单击线与面按钮，选择所有的边，使用 outline 阔边，挤出，最终做出屋顶的结构，如图 7-108 所示。

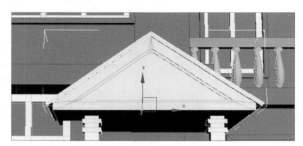

图 7-108

7.2.5 车库门的制作

先画一个和车库入口差不多大小的面，将其段数设置为 5×5 并转换为 Poly 格式，再将里面的每个面进行嵌入，再嵌入被挤出来的面，如图 7-109 所示步骤。

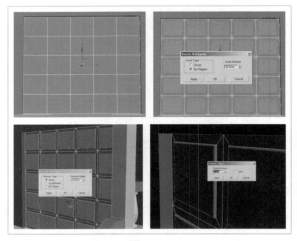

图 7-109

7.2.6 整体模型的细化

模型完成之后，我们需要对整体细化。

01 对二层三层的封顶进行修饰，步骤提示如图 7-110 和 7-111 所示。

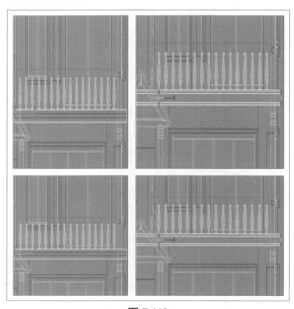

图 7-110

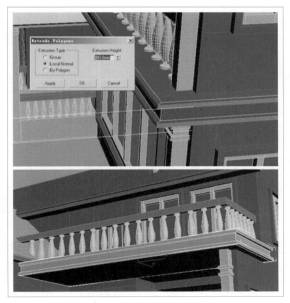

图 7-111

02 底部边线的做法，依次单击按钮 Line，在顶视图中对照房子画出边线的外形，再选择 outline 阔边、挤出，最终做出边线的结构，如图 7-112 所示。

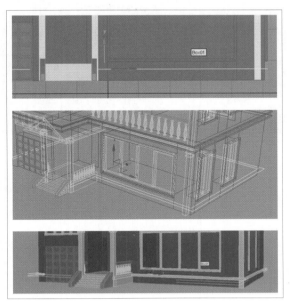

图 7-112

03 门的制作，单击"二维编辑 / 直线"，在前视图中对照大门的外形画出门框的外形，再选择 outline 阔边并挤出，最终做出门框的结构，如图 7-113 所示的效果，下面概述一下其步骤。

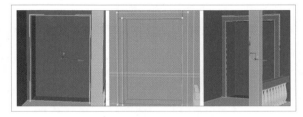

图 7-113

先对着门洞画一个只有门洞一半大小的矩形，将其转换为 Spline，选择阔边并挤出。做出门一半的结构。再将其转换为 Poly 编辑器，选择四周的边线使 Connect 连接出三条线出来，再使用 Chamfer 对其每条线切分出两条先出来。单击切分出来的面使用 Bridge 对其进行桥接，如图 7-114 和图 7-115 所示。

图 7-114

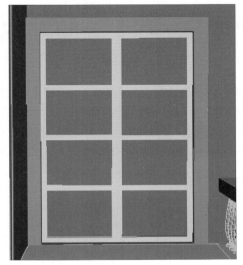

图 7-115

04 玻璃制作。单击窗口右边编辑按钮 Plane 创建面板，在需要做玻璃的地方使用这项功能，如图 7-116 所示。

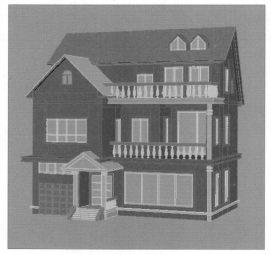

图 7-116

对照图片在合适的位置，创建一个立方体，再向上复制一个立方体并转换为 Poly 编辑模式，选择边线使用 Connect 连接两条线，再对其挤出，如图 7-117 所示步骤。

图 7-117

05 墙面砖块的制作。选择按钮 Line，在顶视图中对照墙体的外形画砖块的外形，再单击 outline 按钮进行阔边并挤出，最终做出砖块的结构，再将其转换为 Poly 模式，选择四周的边线使用 Chamfer，对其切分出两条线出来，图 7-118 所示步骤。

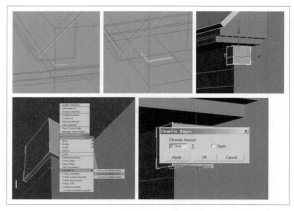

图 7-118

06 选择做好的砖块，按住键盘中的 Shift 键不动，选中砖块按住鼠标左键将其向下拖动，使用关联复制的方式将砖块复制出来，如图 7-119 所示效果。

图 7-119

CHAPTER 08

公共建筑——日景表现

建筑表现效果图的形式和种类较多，常见表现形式有日景表现、夜景表现、黄昏表现和四季的表现等，本章主要针对常规日景表现进行讲解。

知识点

本章重点讲解公共建筑日景表现的制作流程和方法，对创建摄像机、常用材质、设置灯光及渲染参数等环节的方法和技巧。

8.1 创建摄像机

建筑表现中效果图的好坏在一定程度上取决于整体画面的构图，也就是我们在场景中创建摄像机的位置和焦距。

光盘文件：Chapter08\max\公共建筑.max

01 在创建面板中单击 Cameras 按钮，然后单击 Target 按钮，创建一个目标摄像机，如图 8-1 所示。

图 8-1

02 切换到顶视图创建摄像机，如图 8-2 所示。

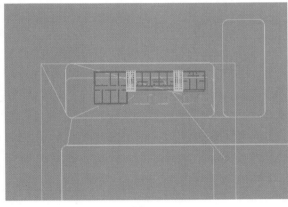

图 8-2

03 按 F 键，切换到前视图中调整摄像机的高度，如图 8-3 所示。

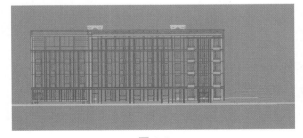

图 8-3

04 摄像机视图，如图 8-4 所示。

图 8-4

8.2 建筑材质的设定

建筑材料直接体现了建筑设计师的思想，效果图中材质的设定直接关系到整个效果图的成败，本节主要就建筑表现效果图中最常用的材质进行讲解，大家可以参考学习。

8.2.1 建筑外墙材质设定

根据 AutoCAD 的设计要求，我们外墙的瓷砖是带有分割线的，所以我们在 Shader Basic parameters 卷展栏中的 Diffuse 通道中添加 Tiles Setup 命令，并在 Tiles Setup 中添加一张外墙砖的贴图，由于外墙瓷砖具有反射效果，并具有一定的高光点，所以设置高光 Specular Level 为 55，Glossiness 为 17，并在 Reflection 中添加 VRayMap，并设置后面的强度数值为 8。我们的墙砖是具有一定的凹凸效果的，所以我们把 Diffuse 中的贴图关联复制到 Bump 中并设置强度值为 20，如图 8-5 和图 8-6 所示。

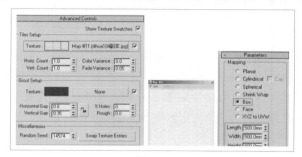

图 8-6

8.2.2 墙砖材质设定

由于下墙的砖是带有分割线的，所以我们在 Diffuse 通道中添加 Tiles Setup 命令并在 Tiles Setup 中添加一张外墙砖的贴图，由于外墙瓷砖具有一定的高光点，所以设置高光 Specular Level 为 35，Glossiness 为 15。墙砖是具有一定的凹凸效果的，所以我们把 Diffuse 中的贴图关联复制到 Bump 中并设置强度值为 20，如图 8-7 和图 8-8 所示数据参考。

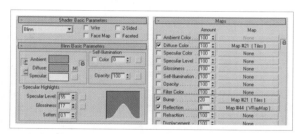

图 8-5

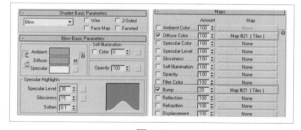

图 8-7

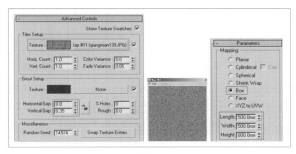

图 8-8

8.2.3 玻璃材质设定

如图 8-9 所示在 Diffuse 通道中设置玻璃颜色
(R:162, G:190, B:200)，由于玻璃具有很小的高光点，
并具有透明的性质，所以设置高光 Specular Level 为
101，Glossiness 为 67，设置 Opacity 为 20，由于现
实中的玻璃具有反射属性，所以要为玻璃材质设置较
高的反射数字，展开 Maps 卷展栏，在 Reflcetion 中
添加一个 Map#3（VRaymap），设置强度为 50，如
图 8-10 所示。

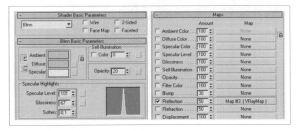

图 8-9

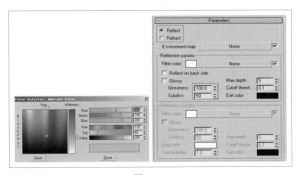

图 8-10

8.2.4 窗框材质设定

在 Diffuse 通道中设置窗框颜色参数值（R:15,
G:24, B:13），由于窗框的特征是具有很小的高光点，

所以设置高光 Specular Level 为 78，Glossiness 为
56，由于显示中的窗框具有反射特性，所以要为窗
框材质设置较高的反射数字，展开 Maps 卷展栏，
勾选 Reflcetion 并添加一个 Map#10（VRaymap），
设置强度为 10，如图 8-11 和图 8-12 所示。

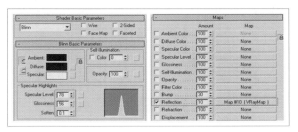

图 8-11

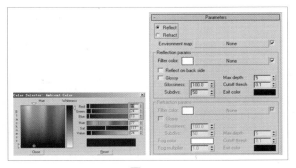

图 8-12

8.2.5 百叶窗材质设定

如图 8-13 所示，在 Diffuse,通道中设置百叶颜
色参数（R:233、G:233、B:233），由于百叶具有高光
点，所以设置高光 Specular Level 为 31，Glossiness
为 28。

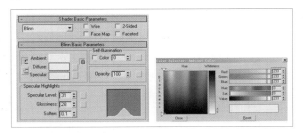

图 8-13

8.2.6 铺地材质设定

在 Diffuse 通道中设置一张地砖的纹理贴图，由
于地砖具有一定的高光, 所以设置高光 Specular Level

为 28，Glossiness 为 24；而且地砖具有反射属性，所以要为玻璃材质设置一个反射值，展开 Maps 卷展栏，勾选 Reflcetion 并添加一个 #37（主体建筑屋顶副本 .jpg），设置强度为 20；地砖又具有很强的凹凸特性，所以将 Diffuse 中的贴图复制到 Bump 中，并设置强度值为 50，如图 8-14 和图 8-15 所示步骤。

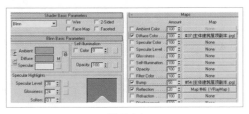

图 8-14

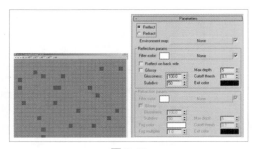

图 8-15

8.2.7 草地材质设定

在 Diffuse 通道中间选择一张草地的纹理贴图，由于草地是需要具有一定的高光的，所以设置高光 Specular Level 为 25，Glossiness 为 10。草地是具有很强的凹凸性质的，所以将 Diffuse 中的贴图复制到 Bump 中，并设置强度值为 30，如图 8-16 所示步骤。

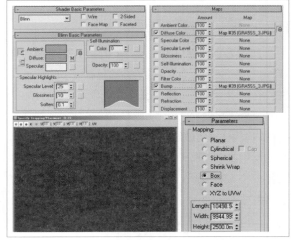

图 8-16

8.3 灯光的设置

本章节就建筑效果图表现中灯光的创建方法和流程进行讲解，同时还将常用灯光参数设置技巧进行了详细的分析，方便大家学习参考。

8.3.1 创建主光源

单击创建面板中的 Target Direct 按钮，在顶视图中创建主光源，在前视图中调节灯光的高度，并单击 Exclude 按钮，弹出 Exclude/include 对话框，在其列表中选择 Sphere01 文件，单击 Clear 按钮将其进行排除，如图 8-17 所示步骤。

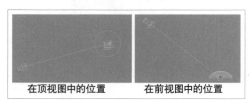

在顶视图中的位置　　　在前视图中的位置

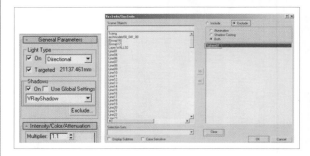

图 8-17

8.3.2 创建辅助光

单击灯光创建面板中的选项 VRaylight，在顶视图中创建辅助光源，在透视视图中调节灯光的位置，把建筑右边侧面的位置照亮，并且让其有一个光感的渐变，如图 8-18 所示步骤。

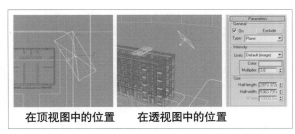

在顶视图中的位置　　　在透视图中的位置

图 8-18

TIP

按键盘中的 F10 键打开渲染器改为 VRay 渲染器，打开 V-Ray∷Environment 面板 将 GI Environment（skylight） override 中环境照明的强度值设置为 0.7，如图 8-19 所示。

图 8-19

8.3.3 创建球天

球天在建筑效果图制作中是最常用的，使用 V-Ray 天光对天光的颜色亮度变化调节不是很方便，所以经常在工作中使用球天来模拟天光，球天可以方便地模拟天空的颜色变化及亮度变化。

01 单击创建命令面板的 Sphere 按钮，在 T（顶）视图中创建一个球体定为球天，如图 8-20 所示。

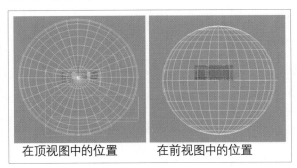

在顶视图中的位置　　　在前视图中的位置

图 8-20

02 按 F 键切换到前视图，选择球天，并单击鼠标右键将球体转换为 Poly，再依层级选择球体的下半部并将其删掉，如图 8-21 所示。

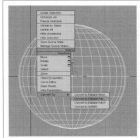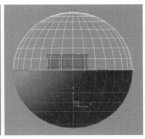

图 8-21

03 用立体模式选择球体，选择 Flip Normals 反转法线，并单击右键，选择 Object Properties（对象属性）的命令，在弹出的对话框中取消勾选 Visible to Ca-mera（对摄像机可见）、Receive Shadows（接受阴影）、Cast Shadows（投射阴影）选项，如图 8-22 所示。

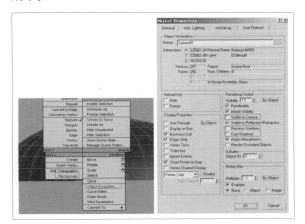

图 8-22

04 在前视图中使用"缩放"工具将球天进行缩放并调整球天的高度，如图 8-23 所示。

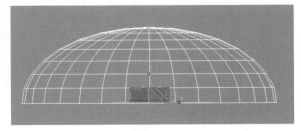

图 8-23

05 如图 8-24 所示，选择一个 Standard 标准材质赋予球天，在 Diffuse 中添加一张天空的贴图，将 Self-Illumination（自发光）强度调为 100。

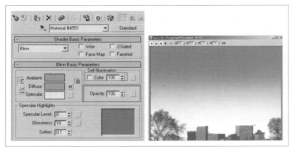

图 8-24

图 8-25

06 在 Modifier List 修改面板中添加 UVW Mapping 命令，设置贴图方式为 Cylindrical（圆柱体），如图 8-25 所示。

8.4 设置最终渲染参数

在测试渲染完成后我们会进行最终渲染参数的设置，还要细化材质增加灯光的细分值，是画面更加细腻更具真实性。

8.4.1 最终渲染参数设置

最终渲染参数设置，如图所示 8-26 和图 8-27 所示。

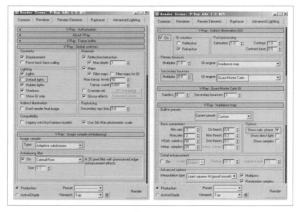

图 8-26

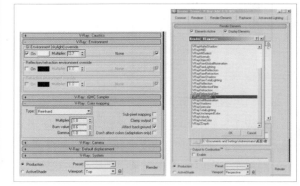

图 8-27

8.4.2 灯光和材质的细化

01 将主光源的 Subdivs 改为 24，如图 8-28 所示的参数选项卡参数。

图 8-28

02 设置辅助光源的 Subdivs 为 16，如图 8-29 所示参数。

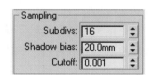

图 8-29

03 选择上下层外墙、地板砖、公路、草地的材质点并在 Coordinates 中设置 Blur 为 0.01，如图 8-30 所示参数设置。

最终渲染效果如图 8-31 所示。

图 8-30

8.5 Photoshop 后期处理

Photoshop 是一款图像处理软件，我们一般制作的室内效果图、建筑表现效果图都会用它进行后期的处理，它不但可以弥补渲染中的不足，还可以使整个画面的效果更出色。

8.5.1 远景的处理

在运用 Photoshop 进行后期处理制作远景时，我们一般添加天空和远景树木及远景的建筑等。

光盘文件: Chapter08\Psd\公共建筑.psd

01 首先我们在 PS 中打开天空背景的素材，然后按快捷键 Ctrl+T 用调出自由变换工具调整合适的大小的位置，效果如图 8-31 所示。

图 8-31

02 我们将远景建筑的素材拖曳到 PS 中，然后按快捷键 Ctrl+T 用自由变换工具调整适合的大小和位置（在调节的过程中要注意远景建筑的透视关系），效果如图 8-32 所示。

图 8-32

03 再将远景植物的素材拖拽到 PS 中，调整到适合的位置，效果如图 8-33 所示。

图 8-33

8.5.2 中景和近景的处理

运用 Photoshop 进行后期处理中景和近景时，我们一般添加中景的建筑和树木，制作近景时则添加近景的树、人物、车流等。

01 我们将中景植物的素材导入 PS 中，并将植物放在建筑墙角的位置，效果如图 8-34 所示。

图 8-34

02 把近景植物的素材导入 PS 中，调整合适的大小和位置，效果如图 8-35 所示。

图 8-35

03 用同样的方法将树影添加进来，达到丰富画面的效果，如图 8-36 所示。

图 8-36

8.5.3 画面整体调整

01 我们将人物的素材导入 PS 中，按快捷键 Ctrl+R 打开标尺，然后点鼠标左键从上往下拖曳一条标尺作辅助线，我们将其看作视平线，人物的头部不高于这条线就可以了。如图 8-37 所示。

图 8-37

02 为场景的人物添加投影，如图 8-38 所示。

图 8-38

03 整体调整，最终效果如图 8-39 所示。

图 8-39

CHAPTER 09

别墅表现

在建筑表现效果图中，表现的形式和种类很多，常见表现有日景表现、夜景表现、黄昏表现和四季的表现等，本章节就别墅日景表现进行讲解。

📍 知识点

本章重点讲解别墅日景表现的制作流程和方法，包括创建摄像机、常用材质、设置灯光及渲染参数以及 Photoshop 后期处理的方法和技巧。

9.1 检查模型文件

光盘文件：Chapter09\别墅表现.zip

01 打开本书配套光盘中的 3D 文件，按 M 键打开材质编辑器，设置一个 Standard 标准材质，用来替换场景中所有材质，把漫反射设置为（R:230、G:230、B:230），让场景中所有模型都能有充分的反光，其他参数保持不变，如图 9-1 所示步骤和参数。

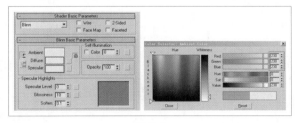

图 9-1

02 展开 V-Ray∷Global Switches 卷展栏，将设置好的材质球拖曳到 Override mtl 右侧的按钮上，如图 9-2 所示设置参数。

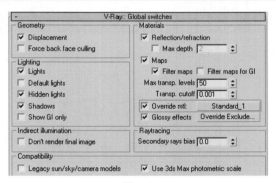

图 9-2

03 这样，场景中所有的材质都会被基础材质代替，展开 V-Ray∷Image sampler（Antialiasing）卷展栏，将 Image Sampler 的设置 Type 为 Adaptive sub-division，激活并勾选 Antialiasing filter 复选框并设置为 Catmull-Rom，如图 9-3 所示设置。

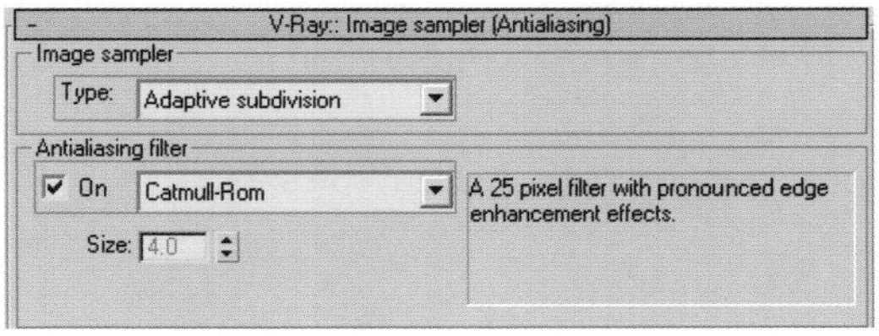

图 9-3

04 展开 V-Ray∷Environment 卷展栏，设置天光的 Multiplier 为 2.0，如图 9-4 所示。

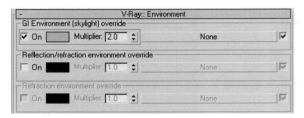

图 9-4

05 设置 Width 为 720，Height 为 380，如图 9-5 所示。

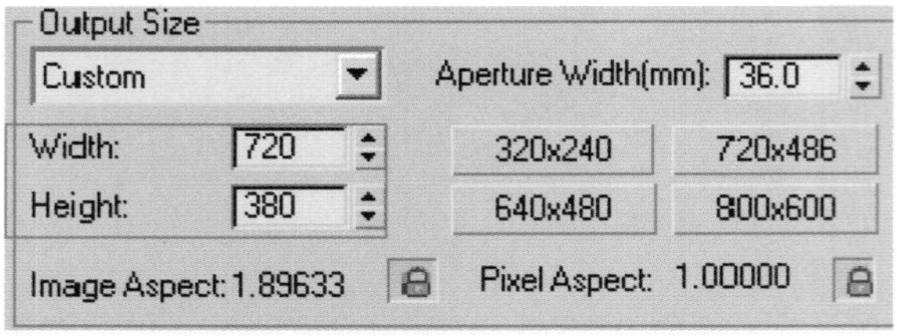

图 9-5

06 设置完毕后对场景进行渲染，并检查模型是否有问题，效果如图 9-6 所示。

图 9-6

9.2 创建摄像机

01 在创建面板中单击 Cameras，然后单击 Target 按钮，创建一个目标摄像机，如图 9-7 所示。

图 9-7

02 切换到顶视图中，创建摄像机，如图 9-8 所示。

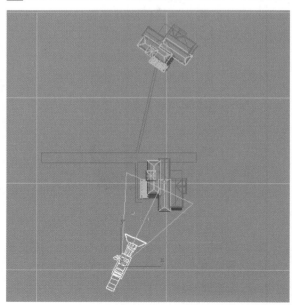

图 9-8

03 按 F 键，切换到前视图中，调整摄像机的高度，如图 9-9 所示。

图 9-9

04 切换到摄像机视图，如图 9-10 所示。

图 9-10

9.3 材质的设定

建筑外立面材质能更好地体现建筑的特点，表达设计师的想法，下面就别墅常用材质进行讲解。

9.3.1 黄色外墙材质设定

在 Diffuse 通道里添加一张外墙的贴图，由于外墙是具有高光效果的，所以将 Relf. glossiness 设置为0.75，取消勾选 Trace reflections，由于外墙是具有明显的凹凸效果的，所有我们把 Diffuse 里面的贴图关联复制到 Bump 里面，并设置强度值为 100，如图 9-11所示。

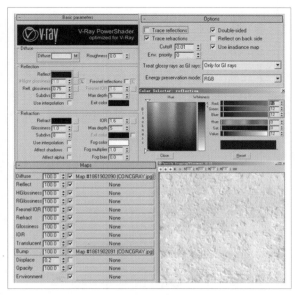

图 9-11

9.3.2 文化石外墙材质设定

在 Diffuse 通道里添加一张文化石的贴图，由于文化外墙是具有高光效果的，所以将 Refl. glossiness为 0.45，取消勾选 Trace reflections，由于文化外墙是具有明显的凹凸效果的，所有我们把 Diffuse 里面的贴图关联复制到 Bump 里面，并设置强度值为101，如图 9-12 和图 9-13 所示。

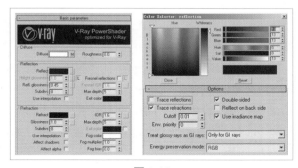

图 9-12

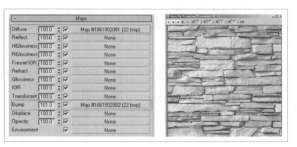

图 9-13

9.3.3 木纹栏杆材质设定

在 Diffuse 里添加一张木纹的贴图，由于木纹是具有高光效果的，所以将设置 Refl. glossiness 为 0.65，取消勾选 Trace reflections，由于木纹是具有明显的凹凸效果的，所以我们把 Diffuse 里面的贴图关联复制到 Bump 里面并设置强度值为 30，如图 9-14 所示。

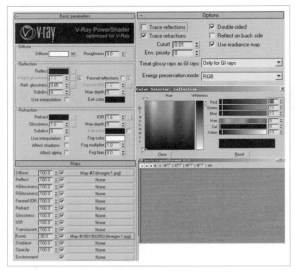

图 9-14

9.3.4 玻璃材质设定

把 Diffuse 调为淡蓝色，由于玻璃是具有反射和高光效果的，所以将 Hilight glossiness 设置为 0.9，设置 Refl. glossiness 为 1.0，由于玻璃是具有折射效果的，所以将 Refract 的 RGB 均设置为 185，如图 9-15 所示。

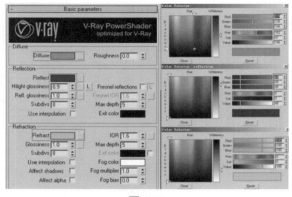

图 9-15

9.3.5 瓦材质设定

在 Diffuse 里添加一张瓦片的贴图，由于瓦片是具有高光效果的，所以将设置 Refl. glossiness 为 0.4，取消勾选 Trace reflections（跟踪反射），由于瓦片是具有明显凹凸效果的，所以我们把 Diffuse 里面的贴图关联复制到 Bump 里面，并设置强度值为 30，如图 9-16 和图 9-17 所示。

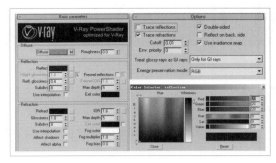

图 9-16

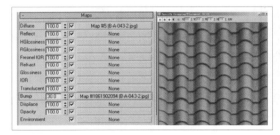

图 9-17

9.3.6 草地材质设定

在 Diffuse 里添加一张草地的贴图，由于草地的高光比较小而且没有反射，所以不设置高光和光泽度，由于草地是具有凹凸效果的，所有我们把 Diffuse 里面的贴图关联复制到 Bump 里面，并设置强度值为 2，如图 9-18 所示。

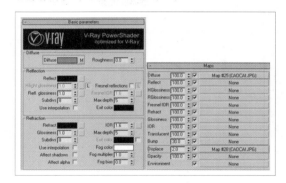

图 9-18

图 9-19

9.3.7 铺地材质设定

在 Diffuse 里添加一张地面的贴图，由于地面的高光比较小，而且没有反射，所以不设置高光和光泽度，由于地面是具有明显凹凸效果的，所有我们把 Diffuse 里面的贴图关联复制到 Bump 里面，并设置强度值为 30，效果如图 9-19 所示。

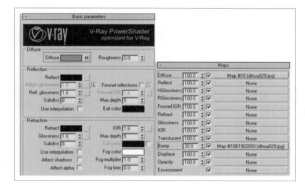

9.3.8 黑铁材质设定

将 Diffuse（漫反射）调为黑色（R:25、G:25、B:25），由于黑铁的高光比较小而且反射效果不明显，所以将 Hilight glossiness 设置为 0.99，光泽度为 0.95，如图 9-20 所示。

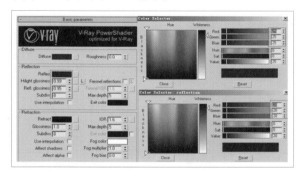

图 9-20

9.4 创建天空

01 在前视图中创建一块面片，设置段数 Length Segs 为 4，Width Segs 为 8，并将其转换为 Poly 编辑器，如图 9-21 所示。

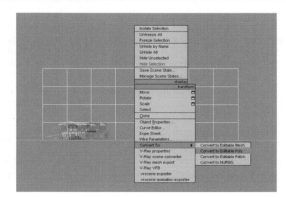

图 9-21

02 调整点的位置，将其调整为半弧形，并放在正对摄像机的位置。如图 9-22 所示为透视视图的位置。

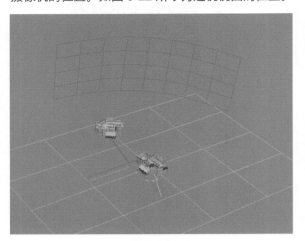

图 9-22

03 将 VRay 材质球改为 VRay 自发光材质球，并在自发光材质球里面添加一张天空的贴图，如图 9-23 所示步骤和设置。

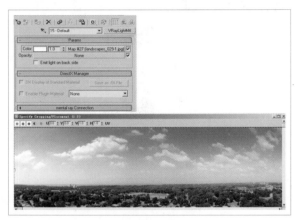

图 9-23

9.5 灯光的设置

在建筑表现的灯光中运用光影的变化，能更好地体现建筑的特点和材质的质感。

单击创建面板中的 > Target Direct，在顶视图中创建主光源，在前视图中调节灯光的高度，并设置灯光参数，如图 9-24 和图 9-25 所示。

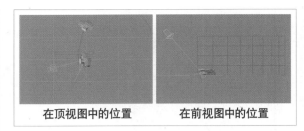

在顶视图中的位置　　　　　在前视图中的位置

图 9-24

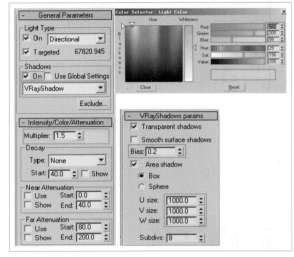

图 9-25

9.6 设置最终渲染参数

最终渲染参数是我们在给客户出成品图的时候才会设置的。相对测试参数来说，它具有渲染时间长、材质细节多、层次丰富、画面品质高等特点。最终渲染参数如图 9-26 和图 9-27 所示步骤与参数。

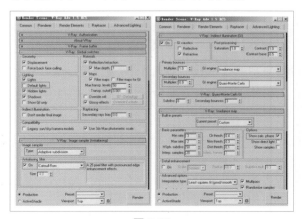

图 9-26

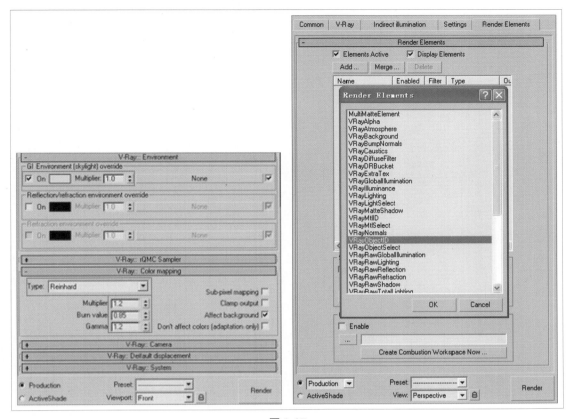

图 9-27

最终效果如图 9-28 所示。

图 9-28

3ds Max建筑动画速成技法

PART 04

建筑动画是指为表现建筑以及建筑相关活动所产生的动画短片。它通常利用计算机软件来表现设计师的意图，让观众体验建筑的空间感受。建筑动画一般根据建筑设计图纸在专业的计算机上制作出虚拟的建筑环境，有地理位置、建筑物外观、建筑物内部装修、园林景观、配套设施、人物、动物、自然现象等，它们都是动态地存在于建筑环境中，可以以任意角度浏览。房地产动画应用最广的是房地产开发商对房产项目的广告宣传、工程投标、建设项目审批、环境介绍、古建筑保护、古建筑复原等。

📍 知识点

本章重点讲解建筑动画分镜头脚本的写作、场景的管理、模型的细化、VRay 代理物体的使用。

建筑动画脚本的写作和场景管理

建筑动画脚本的创作过程中除了运用一般的建筑语言符号外，还必须掌握影视语言，运用蒙太奇思维，按镜头顺序进行构思，酷似电影文学剧本的写作。一般动画脚本构成要素有镜头描述、建筑主题、素材、音乐、艺术形式、表现手法以及解说词等。

📍 **知识点**

本章重点讲解建筑动画分镜头脚本的写作和场景的管理，以及模型的细化、VRay代理物体的使用。

10.1 建筑动画常见脚本的写作

建筑动画脚本是整部动画的文字式表达，是体现建筑诉求、突出建筑主题、营造建筑氛围、塑造建筑形象、传播建筑信息的文字说明，是建筑动画创意的具体体现，也是动画制作的剧本。因而脚本是创作建筑影片的重要组成部分，也是建筑动画作品形成的基础和前提。它的好坏直接影响着建筑广告的质量和传播效果，如图 10-1 所示即为建筑动画脚本。

场景	画面举例	画面阐述	备注
1 5秒		【全景】 （固定） 与一期色调统一。以初升的太阳为开篇。	寓示着新的阳光新生活的开始。
2 5秒		【全景】 （固定） 高层建筑迎接着朝霞的到来。	清晨第一道阳光总是给我满满的自信和活力。
3 10秒		【全景】 （拉、降） 镜头后拉，由高层慢慢出项目全景，镜头微仰，出现整体项目的恢宏气势。	
4 6秒		【全景】 （摇） 表现项目高层与山地的完美结合，以及山顶高层的无限视野。	山的高度、楼的高度成就人生的高度。

图 10-1

10.2 建筑动画场景的管理

建筑动画场景的管理是非常重要的，它包括检查场景文件、细化场景模型等，前期的检查是为了在后面的制作中减少不必要的错误，养成好的习惯，提高工作效率。

10.2.1 检查模型文件

光盘文件：Chapter10\山雨城大场景.zip

01 打开本书配套光盘中"山雨城"大景模型文件，如图 10-2 所示。

图 10-2

02 使用 3ds Max 默认线扫描渲染图像，通过黑白通道检查模型是否有模型缺损或模型位移，如图10-3 所示。

图 10-3

03 场景贴图材质的检查，看看场景中是否有丢失的材质，选择 Utilites-More-Bitmap/photometric path-Edit Resources。

找寻丢失的贴图的方法

（1）首先打开 Bitmap/photometric path 对话框，然后单击 Select Missing Files，弹出 Select New path 对话框，选择正确的材质路径，如图 10-4 所示。

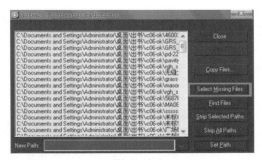

图 10-4

如图 10-5 所示这样表示丢失材质，单击图标■。

图 10-5

（2）弹出 Select New path 对话框，选择正确的材质路径，如图 10-6 所示。

图 10-6

（3）如图 10-7 所示，然后单击 Use path，弹出 Bitmp/Phototric Path Editor 对话框，单击 Set path，如图 10-8 所示。

图 10-7

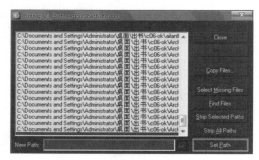

图 10-8

（4）最后检查材质是否找到，单击 Select Missing Files 按钮，如图 10-9 所示，当里面没有出现指定蓝条时就表示没有材质丢失。

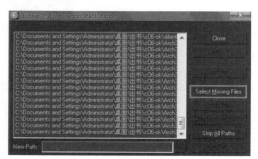

图 10-9

04 在文件里面打开信息 File-Summary Info，如图 10-10 所示。

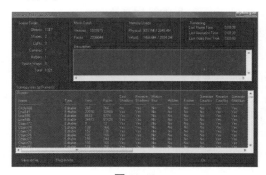

图 10-10

05 以下为场景信息中几个部分介绍。

（1）Scene totals（表示场景中物体数有 1317 个）。

（2）Mash totals（表示场景中物体面数有 2036044）。

（3）Memory Usage（表示计算机内存使用情况）。

（4）Rending（表示上次渲染情况）。

（5）Summary Info（at Frame）（表示场景中每个物体的状态）。

10.2.2 模型场景的细化

建筑动画中模型场景的细化是根据分镜头的具体情况来进行的，一般只有中景镜头较近的模型和特写镜头的模型我们才会深入刻画。通常情况下，模型越细致，画面的品质越好。

01 根据具体情况设定分镜摄像机的位置，如图 10-11 所示。

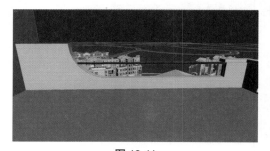

图 10-11

> **TIP**
>
> 📄 注意：调整摄像机的动画路径与动画设置，这样才能检查分镜头所涉及的范围，如图 10-12 所示。

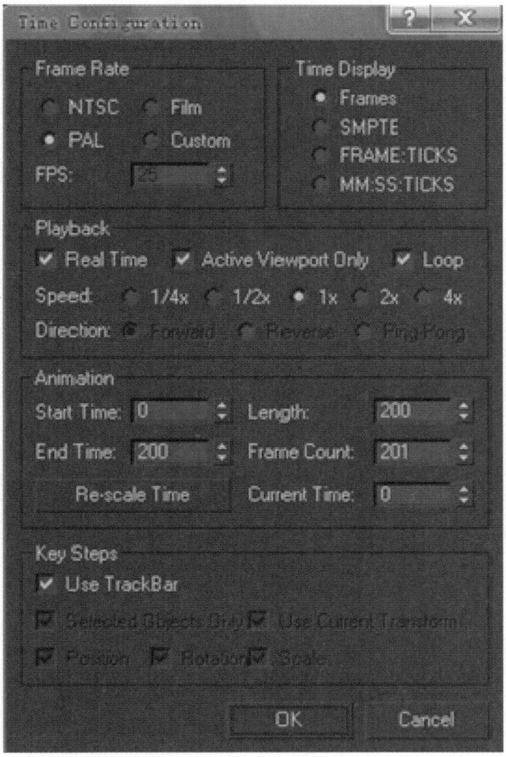

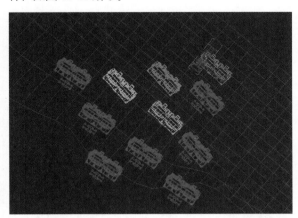

图 10-12

02 删除分镜头看不到的部分，注意在删除的过程中要观察摄像机可以看到的所有范围，不要误删其他物体，如图 10-13 所示。

图 10-13

03 通过处理，场景中的模型有了一定的简化，打开 Sunmmay Info 可以看到物体的面积与物体数有了很大的简化，如图 10-14 所示，这样我们在制作场景的时候就能提高工作效率了。

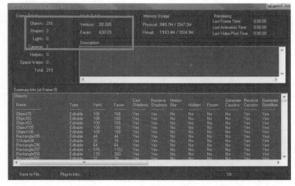

图 10-14

04 合并相同的操作物体，继续简化场景物体数，单击操作 Material Editor（编辑器面板），如图 10-15 所示。

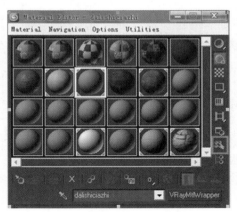

图 10-15

05 单击 Get Material 弹出 Material/Map Browser 对话框，单击 Scene 按钮出现场景中用过操作的记录，如图 10-16 所示。

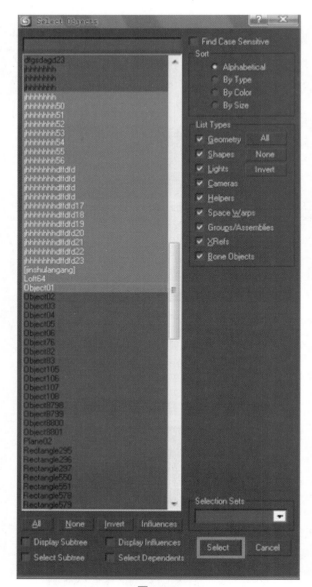

图 10-16

06 然后双击选择的材质球，这样就获取了材质记录，随后单击 Select by Material 按钮，弹出对话框选择物体，然后将相同材质的物体组建在一起，减少场景中的物体数。

07 将场景中要重点表现的部分的模型进行细化，让模型细节更加丰富，比例精确。在这一案例中，我们将凉台铁栏杆部分进行细化，细化前和细化后的效果对比如图 10-17 所示。

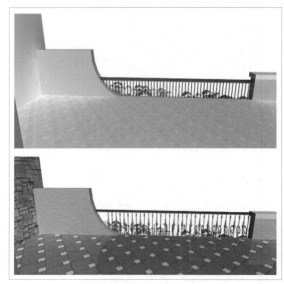

图 10-17

10.2.3 VRay 代理物体的运用

　　VRay 可以将物体进行代理，这样就能减少场景中面的数量，从而提高渲染速度以及 3ds Max 对场景的承受量。

光盘文件：Chapter10\模型树.zip

01 首先打开本书的配套光盘植物模型，如图 10-18 所示。

图 10-18

02 拾取物体的材质，如图 10-19 所示。

图 10-19

03 让树统一成为一个物体，如图 10-20 所示。

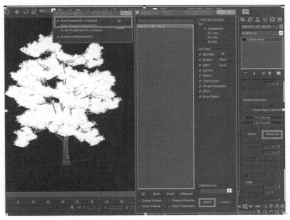

图 10-20

04 然后再单击鼠标右键选择植物，单击 VRay me-sh export 按钮，在弹出的对话框中勾选 Automatically create proxies 复选框，如图 10-21 所示。

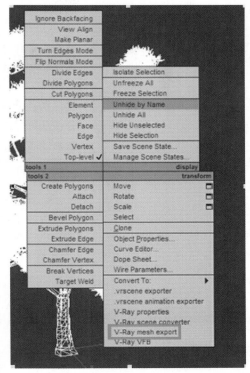

图 10-21

05 然后单击 OK 按钮，如图 10-22 所示。

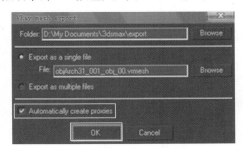

图 10-22

06 这时植物就成代理形态，然后我们就可以直接将代理的植物导入到场景里面运用，代理前和代理后如图 10-23 所示。

图 10-23

CHAPTER 11

建筑动画分镜头制作

建筑动画分镜头的制作是按照整个影片的创意脚本严格执行的，每一个分镜头制作的好坏都直接关系到整个影片的质量，下面就以常见的部分建筑动画的镜头制作为例进行讲解。

知识点

本章重点讲解建筑动画中常规日景表现、商业夜景表现、雪景表现以及特写镜头制作的方法和技巧。

11.1 住宅日景表现

日景表现是建筑动画镜头表现中常见的镜头，也是能很好地体现建筑结构和建筑材质质感的镜头，本章重点讲解日景镜头表现中灯光和材质应用的技巧。

11.1.1 摄像机动画的创建

光盘文件：Chapter11\日景CI\chapter11CI.max

01 在标准面板中打开摄像机面板，单击 Target，在场景里面创建一架摄像机，如图 11-1 和图 11-2 所示步骤和参数设置参考。

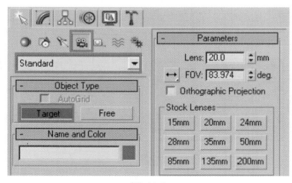

图 11-1

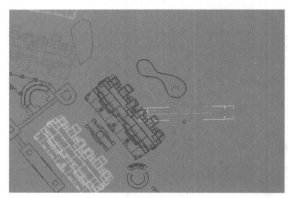

图 11-2

02 进入摄像机视图，调整摄像机在场景中的位置，确定好摄像机角度，按 Shift+F 快捷键显示安全框，如图 11-3 所示。

图 11-3

03 摄像机的初始位置已经确定，单击 Set Key 按钮，选中摄像机物体在第 0 帧，单击 ❤ 按钮，设置关键点。然后在顶视图里面选中摄像机物体，沿摄像机的 Y 轴方向向前移动，将时间标记拖至第 100 帧，单击 ❤ 按钮设置关键帧。单击 Set Key 为"设置关键点"状态。按键盘 C 键进入摄像机视图，单击播放按钮，在摄像机视图中播放动画，可以看到摄像机运动得很不规律，效果如图 11-4 所示。

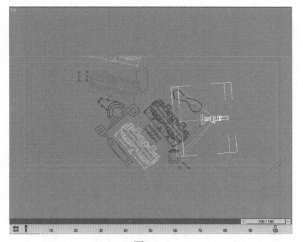

图 11-4

04 选择摄像机，单击鼠标右键，选择 Object Properties 进入物体参数面板，勾选 Trajectory 复选框，显示摄像机的运动路径，效果如图 11-5 所示。

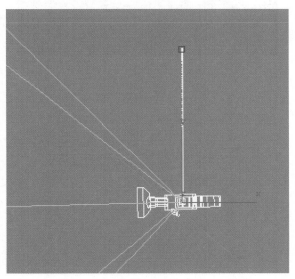

图 11-5

05 选中摄像机，单击 ❑ 按钮，进入曲线编辑器，选中摄像机 X、Y、Z 轴位移曲线的两个端点，单击 ❑ 按钮将曲线打直，这样我们就把摄像机的运动设置为匀速运动状态了，效果如图 11-6 所示。

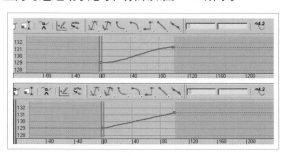

图 11-6

> **TIP**
> ▶ 大部分简短的摄像机动画都需要设置为匀速运动。

11.1.2 灯光的创建和渲染的设置

光盘文件：Chapter11\日景CI.zip\第11章CI.max

01 首先创建灯光的效果。进入顶视图，单击灯光中的 Target Direct 按钮，在场景里面创建一盏平行照射的灯，按快捷键 Shift+4 进入灯光视图，调节灯光的范围大小，以及灯光的角度。按 F10 键进入渲染器并对渲染器进行修改，再对场景进行渲染，这时我们可以看见场景里面主体建筑和地面已经亮了，如图 11-7 至图 11-11 所示的步骤。

图 11-7

> **TIP**
> ▶ 渲染参数根据电脑配置情况可适当调整。

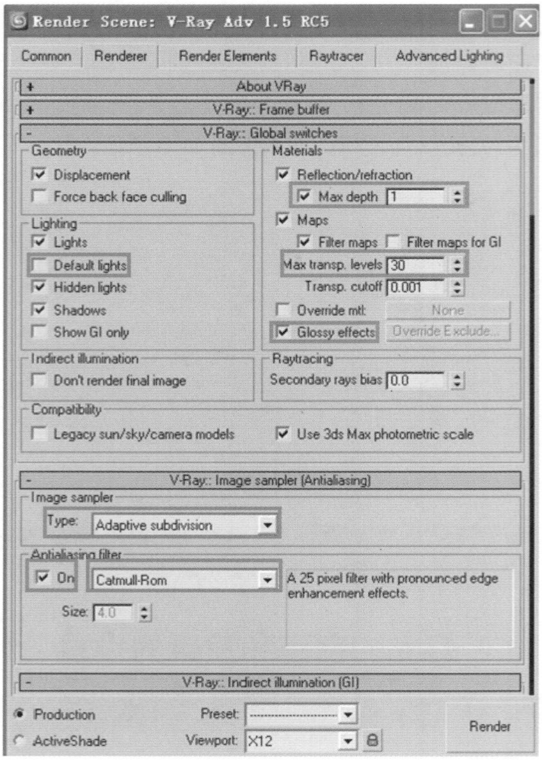

图 11-8

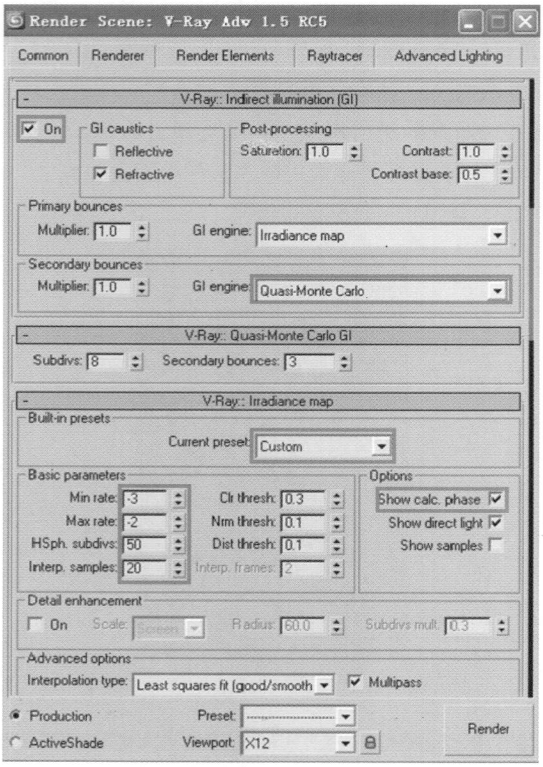

图 11-9

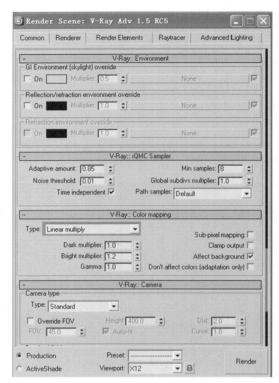

图 11-10

图 11-11

02 在 V-Ray∷Environment 面打开 GI Environment (skylight) over，并将其颜色 ride 调为淡蓝色，强度值为 0.5，然后进行渲染，可以发现主体建筑的暗部和周边的建筑表现出受到光照的效果了，如图 11-12 和图 11-13 所示参数设置。

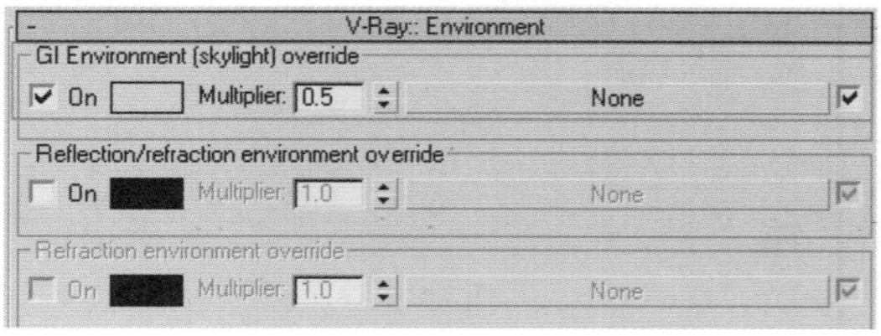

图 11-12

图 11-13

03 创建天空，进入顶视图，单击立体编辑器中的Sphere 按钮，在场景的中心画一个大的球体，将其转换为 Poly，在前视图里面删掉球体一半，将其底部对齐到地面，将其缩放成一个椭圆，进入修改器选择球天，单击右键选中反转法线，并赋予天空自发光贴图作为环境反射，如图 11-14 和图 11-15 所示。

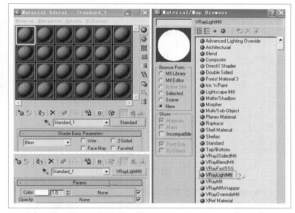

图 11-14

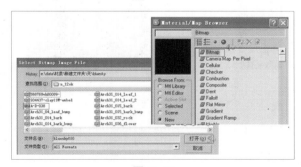

图 11-15

04 在侧视图中画一个面片，并在顶视图里面对其进行调节，让其正对着摄像机，并放在球天里面。在摄像机视图里播放动画，看面片是否始终对着摄像

机，如不对着摄像机，则需要对其进行调整，让它在摄像机运动时一直都能看到完整的面片。在对天空的自发光材质赋予 UVW Mapping 后对天空贴图进行调整，使其不变形，如图 11-16 所示。

图 11-16

11.1.3 主体建筑材质的调节

我们开始创建主体建筑模型的墙体材质，主体建筑的墙体材质由四种不同的材质组成。单击材质按钮，弹出 Material Editor －白色外墙涂料对话框，选择一个未编辑的材质球，命名为白色外墙涂料。材质各项参数如图 11-17 至图 11-20 所示。

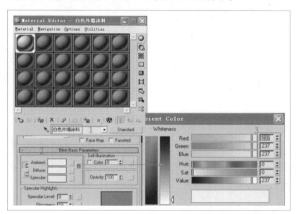

图 11-17

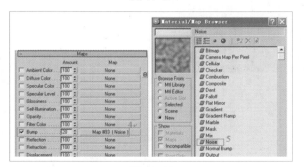

图 11-18

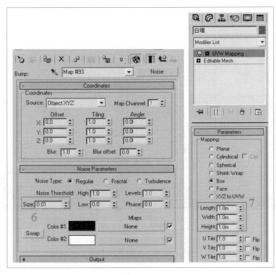

图 11-19

图 11-20

01 将白色外墙涂料的材质调整完成后，我们来调整黄墙的材质。材质各项参数如图 11-21 至图 11-24 所示。

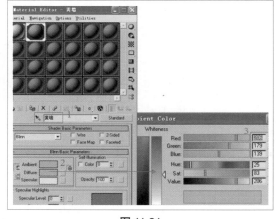

图 11-21

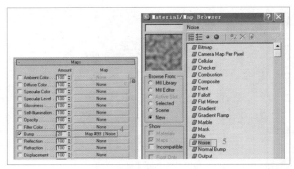

图 11-22

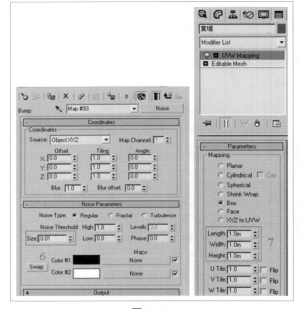

图 11-23

图 11-24

02 将黄墙的材质调整完成后，我们来调整文化石墙面的材质，材质各项参数如图 11-25 所示。

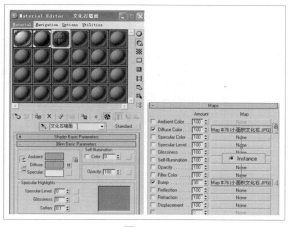

图 11-25

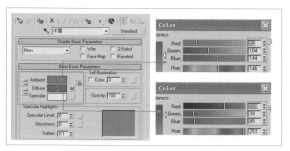

图 11-28

把材质从固有色通道拖到 Bump 凹凸通道，选择关联的方式，有利于材质的修改和调节，如图 11-26 和图 11-27 所示。

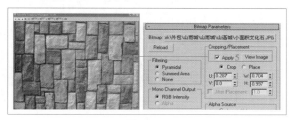

图 11-26

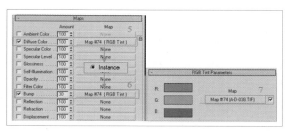

图 11-29

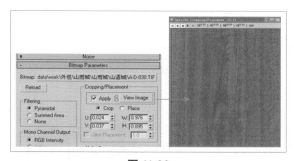

图 11-30

04 建筑的墙面主体材质赋予完成后，可以把玻璃、瓦片的材质全部粘贴上。再继续选择一个空白的材质球命名为"玻璃"，如图 11-31 所示。

图 11-27

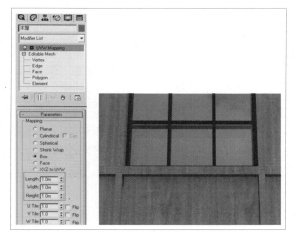

图 11-31

03 将文化石墙面的材质调整完成后，我们来调整木屋的材质，材质各项参数如图 11-28 至图 11-30 所示。

材质各项参数如图 11-32 至图 11-34 所示。

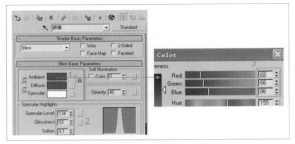

图 11-32

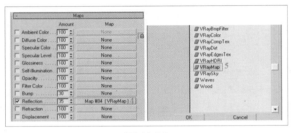

图 11-33

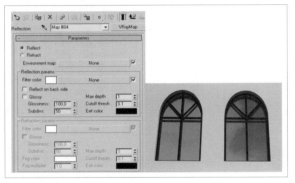

图 11-34

05 将玻璃的材质调整完成后，我们来调整瓦片的材质。材质各项参数如图 11-35 至图 11-37 所示。

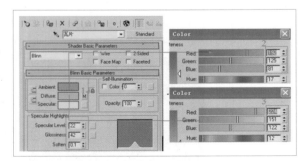

图 11-35

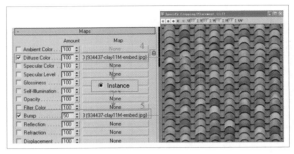

图 11-36

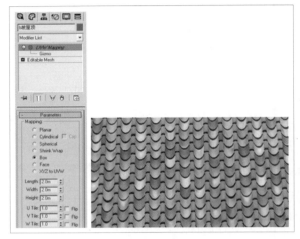

图 11-37

06 将主体建筑的材质粘贴完成后，我们再赋予草地、路面、路沿的材质，选择一个新的材质球，并命名为"草地"，材质各项参数如图 11-38 至图 11-40 所示。

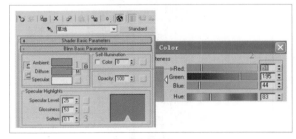

图 11-38

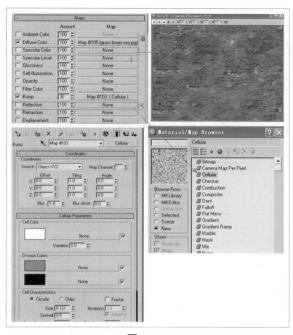

图 11-39

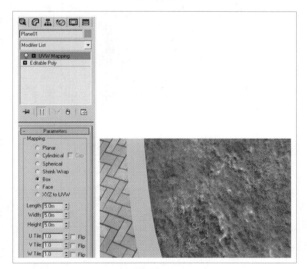

图 11-40

07 将草地的材质赋予完成后，我们再赋予路面的材质。材质各项参数如图 11-41 所示。

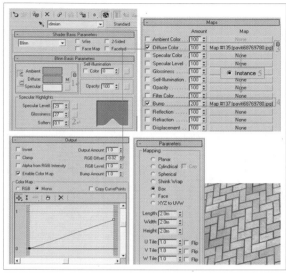

图 11-41

08 将路面的材质赋予完成后，我们再赋予路沿石头的材质。材质各项参数如图 11-42 和图 11-43 所示。

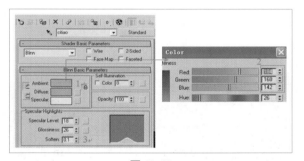

图 11-42

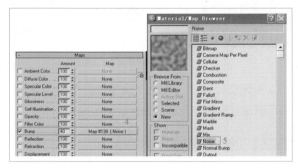

图 11-43

09 将主体建筑与地面的材质赋予完成后，我们观察完成后的效果图，效果如图 11-44 和图11-45 所示。

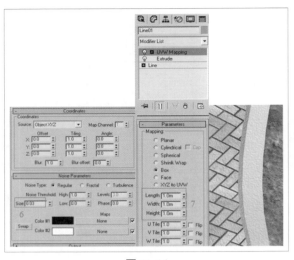

图 11-44

图 11-45

11.2 商业夜景表现

本节主要讲表现一个坐落在繁华都市中的高档商业街，通常是使用黄昏、夜景来表现这种商业街的奢华气氛，以及所居住人们的生活品位，最终效果图如图 11-46 所示。

图 11-46

在建筑动画中，黄昏表现手法是比较常见的，它可以烘托出主体气氛，提升设计品位。

11.2.1 创建摄像机动画

01 为本场景创建一个 3ds Max 默认的目标摄像机，并设定动画。在创建面板中单击 Cameras 按钮，在 Standard 标准摄像机菜单中单击 Target 按钮，如图 11-47 和图11-48 所示。

图 11-47

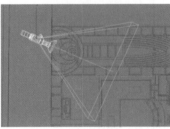

图 11-48

02 按 F 键切换到前视图，之后需调整摄像机的高度，如图 11-49 所示。

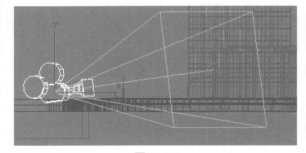

图 11-49

03 将摄像机的位置以及高度调整完后，我们来设置摄像机的动画。选中摄像机以及摄像机的目标点，单击鼠标右键进入属性栏 Object Properties，勾选摄像机的运动轨迹 Trajectory 复选框。

04 单击 Time Configuration 按钮单击对话框，进行时间设置，将 FPSE（帧数率）设置为 25，Current-Time 为 350。如图 11-50 所示。

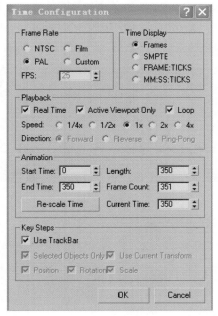

图 11-50

05 选中摄像机，单击 Set Key 按钮，在第 0 帧单击图标为 ▱ 按钮，设置关键帧，然后在顶视图里面，移动摄像机，将时间标记拖动至第 100 帧，设置关键帧，再移动摄像机，将时间标记拖动至第 350 帧，设置关键帧。再单击 Set Key 并关闭设置关键点状态，如图 11-51 所示。

图 11-51

06 选中摄像机目标点，单击 Set Key 按钮，在第 0 帧单击 ▱，设置关键帧，然后在顶视图里面，移动摄像机，将时间标记拖动至第 350 帧，设置关键帧，关闭设置关键点状态，如图 11-52 所示。

图 11-52

07 单击 Animation 按钮，进入动画面板，点击 Make Preview（动画预演），设置 Custarn Flange 的时间帧为 350，设置 Playbook FPS 为 25，单击 Create 按钮进行预演。可以看到摄像机运动的没有规律，如图 11-53 和图 11-54 所示。

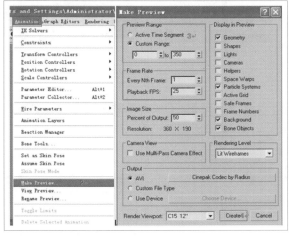

图 11-53

图 11-54

08 选中摄像机，进入曲线编辑器，将曲线调整好，如图 11-55 所示。

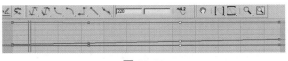

图 11-55

11.2.2 配楼的摆放

配楼的摆放是为了整个画面更加饱满，场景更加完善，得到更加真实的效果，也能更好地突出镜头要表达的主题。

如图 11-56 所示，在整个场景中只有主体建筑，左边画面感单调，我们可以在左边加上一些商业建筑的配楼，这样可以让我们的画面更加丰富。

没有加配楼　　　　加配楼过后

图 11-56

11.2.3 灯光和天空创建，渲染器的调节

灯光和天空的创建以及渲染器的调节在建筑表现的章节中已做过详细的讲解，可以参考和查阅前面章节的内容。

01 首先创建灯光的效果。进入顶视图，单击 Target Direct，在场景里面创建一组平行光，灯光颜色为暖色，按 Shift+4 快捷键进入灯光视图，调节灯光的范围大小和角度，如图 11-57 所示参数设置。

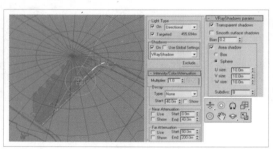

图 11-57

在场景的另一端打上一组目标平行光作为补光，如图 11-58 所示。

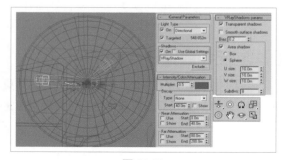

图 11-58

02 天空的创建。进入顶视图，单击 Sphere，在场景的中心画一个大的球体，将其转换为 Poly 编辑器，在前视图里面删掉一半，将其底部对齐到地面，将其缩放成一个椭圆，进入修改器面板选择球天，单击反键，选中反转法线，并附上天空的自发光贴图，让其做环境反射，如图 11-59 和图 11-60 所示。

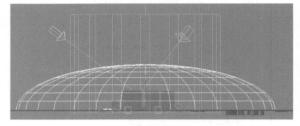

图 11-59

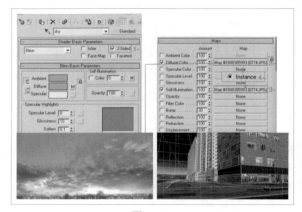

图 11-60

03 渲染器的调节，如图 11-61 和图 11-62 所示。

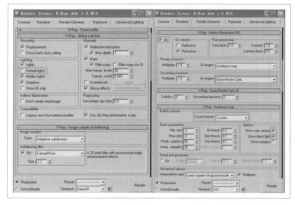

图 11-61

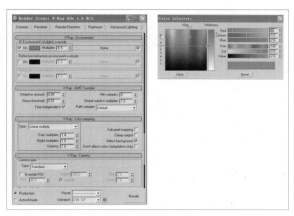

图 11-62

11.2.4 设置建筑材质

商业街中除了建筑主体墙面使用材质外，还需重点表现商业街的广告材质，商业建筑玻璃的材质，以及 LOGO 的材质。下面我们来设置商业街整体的材质。

01 墙体材质的设置，参数如图 11-63 所示。

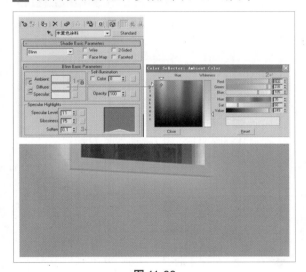

图 11-63

02 住宅玻璃材质，参数如图 11-64 所示。

图 11-64

03 百叶窗材质。由于的百叶窗离我们的镜头特别远，所示百叶窗可以用贴图来代替，这样可以为我们的场景减少面，以提高渲染速度，参数如图 11-65 所示其设置参数。

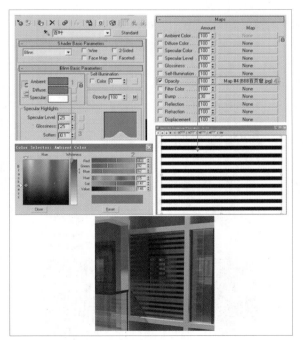

图 11-65

04 脚线材质设置参数如图 11-66 所示。

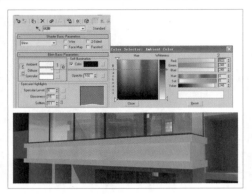

图 11-66

05 商业街玻璃材质设置参数如图 11-67 和图 11-68 所示。

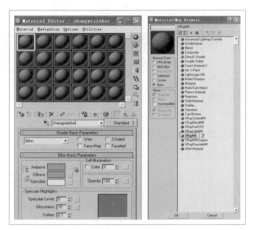

图 11-67

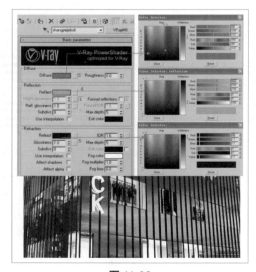

图 11-68

06 商业广告贴图设置参数如图 11-69 所示。商业街广告招牌，如图 11-70 所示，给上不同的广告贴图就可以出现此效果。

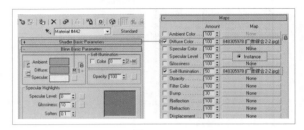

图 11-69

图 11-70

07 商业店铺贴图，参数如图 11-71 所示。

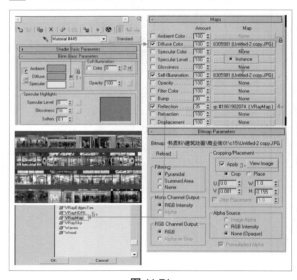

图 11-71

　　商业街的店铺外面是有玻璃的，所以我们需要在上面给其加上一些反射效果，如图 11-72 所示。

图 11-72

08 商业霓虹灯的材质参数如图 11-73 和图 11-74 所示。

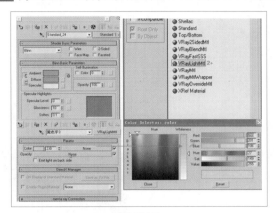

图 11-73

图 11-74

09 地砖材质参数设置如图 11-75 所示。

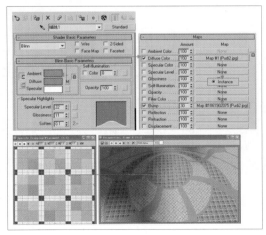

图 11-75

10 材质设置完成后效果如图 11-76 所示。

图 11-76

11 当我们把商业街的材质贴图和主体灯光调整完毕过后，我们可以在场景里面摆上装饰，添加模型树，添加园林景观的设计元素，为了增强气氛，也可以在场景里面添加人物，如图 11-77 所示。

图 11-77

12 之前我们已经做好了一些配景的树、小品、人物的模型，现在只需要导入场景里面就好了，如图 11-78 所示。

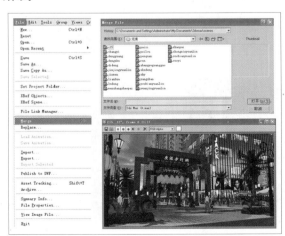

图 11-78

13 当我们把树、人、小品导入到场景后，进行渲染时，我们发现，整个场景比较暗而且植物没有层次感，由于是商业街黄昏时候的感觉，所以我们需要给植物打上灯光，并且可以在这植物上面做上一些小的霓虹灯，如图 11-79 和图 11-80 所示。

图 11-79

图 11-80

14 喷泉的材质，参数如图 11-81 所示。

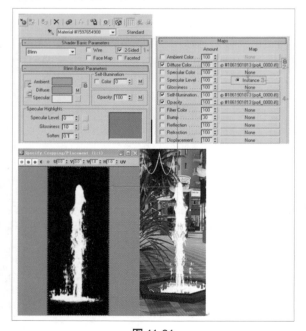

图 11-81

15 聚光灯的打法。单击 📷 > 🔆 > Target Spot，在场景里面创建一盏聚光灯，灯光颜色为冷色，调整灯光的范围，如图 11-82 所示。

图 11-82

16 泛光灯的打法。依次单击选择图标>灯光图标>Omni 按钮，在场景里面创建一盏泛光灯，灯光颜色为暖色，调整灯光的范围，如图 11-83 和图 11-84 所示。

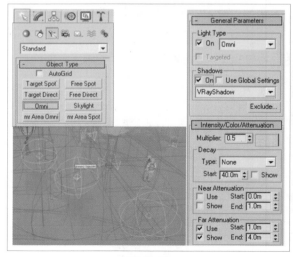

图 11-83

图 11-84

图 11-86

17 场景完成后的最终效果图，如图 11-85 至图 11-87 所示。

图 11-85

图 11-87

11.3 雪景镜头表现

　　本节重点讲解的是整个小区在雪后冬日暖阳下的表现效果，主要运用了粒子系统进行制作，雨景和雪景在建筑动画中比较常见的，它们可以烘托出主体环境的雪景气氛，有时候也能提升设计品位。最终效果如图 11-88 和图 11-89 所示。

图 11-88

图 11-89

11.3.1 创建摄像机动画

　　以下内容为在模型场景制作完成后，通过创建摄像机进行动画制作。

01 为本场景创建一个 3ds Max 默认的目标摄像机，并设定动画。

02 为本场景创建目标平行光，作为本场景的主光源，如图 11-90 和图 11-91 所示。当场景中的摄像机和灯光设置完成过后，我们可以对场景做出屋顶积雪。

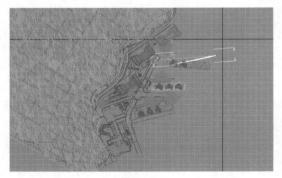

图 11-90

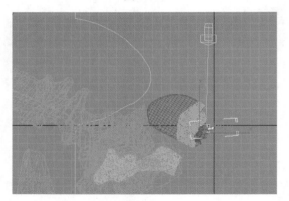

图 11-91

03 积雪的制作。找出我们所需要做积雪的位置，选择 Box 按钮指定的地方画出立方体，将其转换为 Poly，调出大致的形状，再勾选 Use NUMS Subdivision 选项，完成积雪的制作，在给予积雪的材质，如图 11-92 至图 11-94 所示。

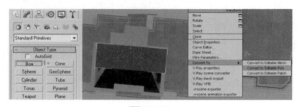

图 11-92

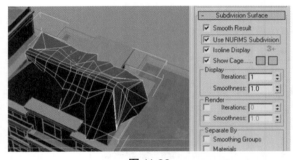

图 11-93

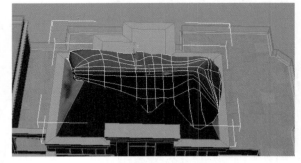

图 11-94

用以上同样的方法，在需要的地方做出指定的积雪就可以了，如图 11-95 所示。

图 11-95

04 天空的创建。进入顶视图，单击 Sphere，在场景的中心画一个大的球体，将其转换为 Poly 模式，之后在前视图里面删掉一半，将其缩放成一个椭圆，随后进入修改器面板选择球天，再单击反键，选中反转法线，并给天空附上的自发光贴图，让其作为环境反射，如图 11-96、11-97、11-98 所示。

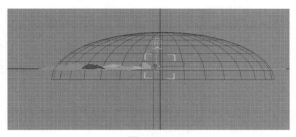

图 11-96

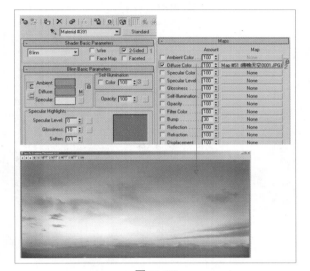

图 11-97

图 11-98

11.3.2 创建材质

结合前面章节讲解，对建筑物附上建筑表皮和场景材质。

01 墙体材质设置参数如图 11-99 和图 11-100 所示。

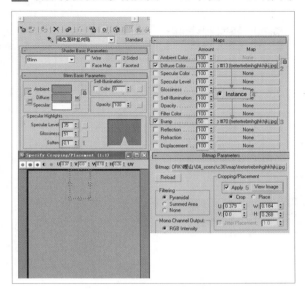

图 11-99

图 11-100

02 玻璃材质设置参数如图 11-101 至图 11-103 所示。

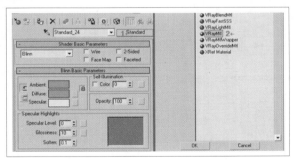

图 11-101

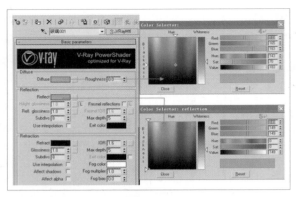

图 11-102

图 11-103

03 积雪 1 材质设置参数如图 11-104 至图 11-106 所示。

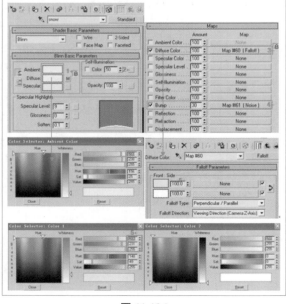

图 11-104

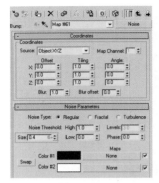

图 11-105

图 11-106

11.3.3 模型树与 Forest 的种植

我们场景中的模型材质贴图，全部做好后，就需要在场景里面添加近景的模型树，以及给远景添加 Forest 面片树，来丰富园林的空间。

01 模型树的摆放。把我们在之前已经做好的模型树导入到场景里面，并放到合适的位置，来丰富近处的园林场景，如图 11-107 所示。

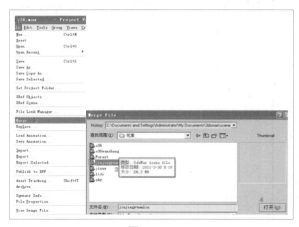

图 11-107

02 导入近景远林 .Max 文件到场景中并摆放到正确的位置，给予模型树的贴图，参数如图 11-108 所示。

图 11-108

03 由于我们的模型树，有树干和树叶之分，所以我们将材质球改为 Multi/Sub-Object 材质球，并将树叶的材质 ID 设为 1，树干的材质 ID 设为 2，如图 11-109 所示。

图 11-109

04 由于是表现冬天下雪时的效果，所以我们可以把树叶的材质用积雪的材质代替，如图 11-110 所示参数设置。

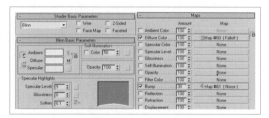

图 11-110

05 树干材质设置参数如图 11-111 和图 11-112 所示。

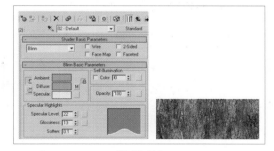

图 11-111

图 11-112

06 Forest 的种植位置如图 11-113 所示。

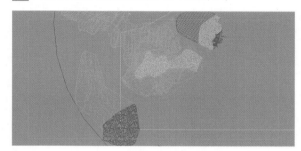

图 11-113

07 我们找到要种 Forest 的地方依次单击 📄 > 📄 >Line 按钮，用线画出所需要种植 Forest 的位置，再选择 📄 > 📄 > Itoo Software > Forest Pro，之后单击所绘制的线条，如图 11-114 至图 11-117 所示。

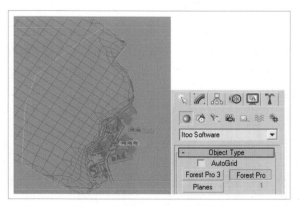

图 11-114

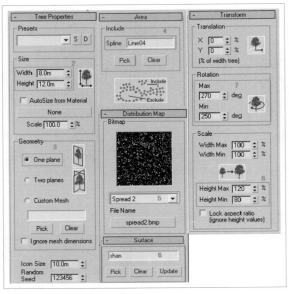

图 11-115

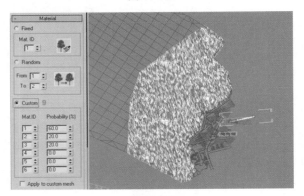

图 11-116

图 11-117

11.3.4 粒子雪的做法

根据以下步骤能将粒子雪创建在场景中。

01 依次选择 Particle Systems/Blizzard 按钮，在我们需要体现下雪的地方画出来，如图 11-118 所示。

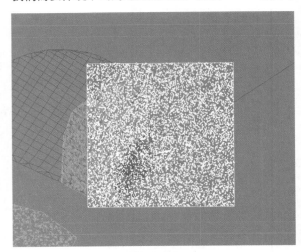

图 11-118

02 如图 11-119 所示为做雪粒子参数设置。

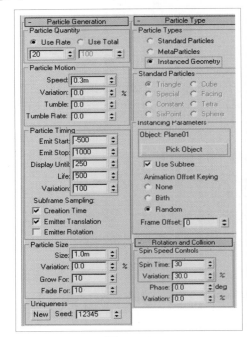

图 11-119

03 当我们把雪的粒子做好后，我们需要一个风力来束缚粒子的欲动方向。单击 Wind 按钮，在我们需要布置雪的地方画出来，如图 11-120 所示设置。

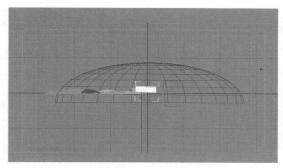

图 11-120

04 把风的指向略微的向下倾斜，让风把粒子向前下方吹动，风力参数设置如图 11-121 所示。

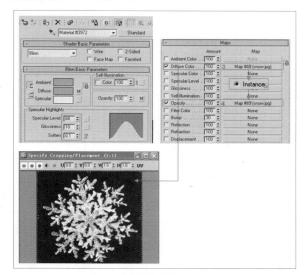

图 11-121

05 我们把雪的粒子和风绑定起来。选中 Blizzard01 粒子系统，单击绑定按钮，拖动鼠标按着 Blizzard-01 不动移动到 Wind01 上面，这样我们就把 Blizzard01 和 Wind01 绑定了，效果如图 11-122、图 11-123、图 11-124 所示。

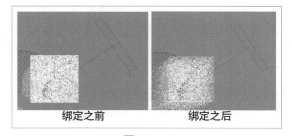

绑定之前　　　绑定之后

图 11-122

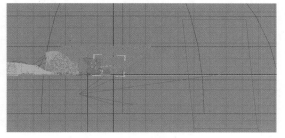

图 11-123

图 11-124

06 粒子雪材质的调整，设置参数如图 11-125 所示，效果如图 11-126 所示。

图 11-125

图 11-126

11.4 特写镜头表现

特写镜头制作是为了能更好的体现建筑结构细节、材质质感和画面意境，在镜头表现的过程中要求模型精细，画面层次丰富。

光盘文件：Chapter11\特写C4.zip

11.4.1 整理场景

在创建动画镜头时，我们首先要对整个场景进行整理。

1. 把不在摄像机观察范围之内的物体全部删掉，给场景减少面数。

2. 对整个场景模型进行细化，特别是一些特写的镜头，要对离摄像机较近的模型进行细化，用实体模型来代替面片贴图。

3. 对材质贴图的细化。如下图所示，这是我们没有细化的场景。用面片贴图做阳台上的栏杆，我们要把它换成实体模型，为了使阳台更加漂亮，我们可以在阳台上做一些装饰，如图 11-127 所示为中期效果。

图 11-127

如图 11-128 所示为我们细化完成过后的场景。

图 11-128

11.4.2 摄像机动画的创建

在本场景中，我们创建慢慢向上移动的摄像机。

01 在标准面板中打开摄像机面板，点击 Target，在场景里面创建一架摄像机，如图 11-129 所示提示图。

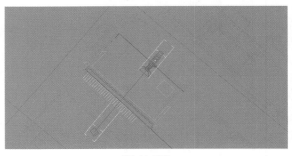

图 11-129

02 按键盘的 C 键进入摄像机视图，用调整按钮调整摄像机在场景的位置，确定好摄像机角度，按 Shift+F 快捷键便会显示安全框，如图 11-130 所示。

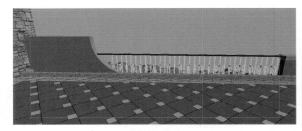

图 11-130

03 摄像机的初始位置已经确定，单击 Set Key 按钮，选中摄像机物体在第 0 帧单击，设置关键点。然后在前视图里面，选中摄像机物体，沿摄像机的 Z 轴方向向前移动，将时间标记拖至第 100 帧，再设置关键帧，关闭设置关键点状态。按键盘 C 键进入摄像机视图，在摄像机视图中播放动画，可以看到摄像机运动的并不规律，如图 11-131 所示场景图。

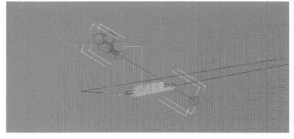

图 11-131

04 选择摄像机，并点击摄像机反键，进入物体参数面板，显示摄像机的运动路径，如图 11-132 和图 11-133 所示。

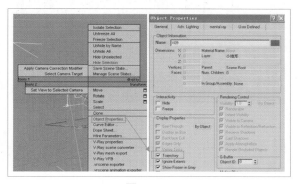

图 11-132

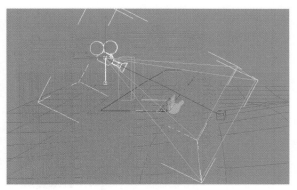

图 11-133

05 选中摄像机，进入曲线编辑器，选中摄像机的 X、Y、Z 轴位移曲线的两个端点，单击图标为 ↘ 按钮将曲线打直，这样我们就把摄像机的运动设置为匀速运动状态了，如图 11-134 所示。

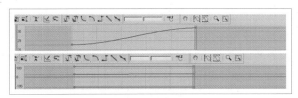

图 11-134

11.4.3 材质、灯光的创建和渲染设置

01 创建天光的效果。首先进入顶视图，单击 Target Direct，在场景里面创建一组平行光，按 Shift+4 进入灯光视图，调节灯光的范围大小，以及灯光的角度。

按 F10 键进入渲染器并对渲染器进行修改，再对场景进行渲染，可以看见场景里面主体建筑和地面已经亮了，效果如图 11-135 至图 11-139 所示。

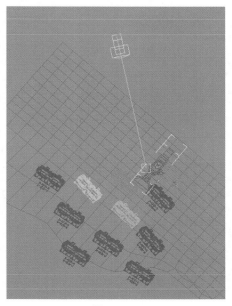

图 11-135

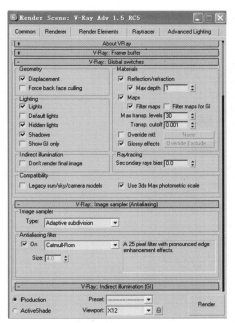

图 11-136

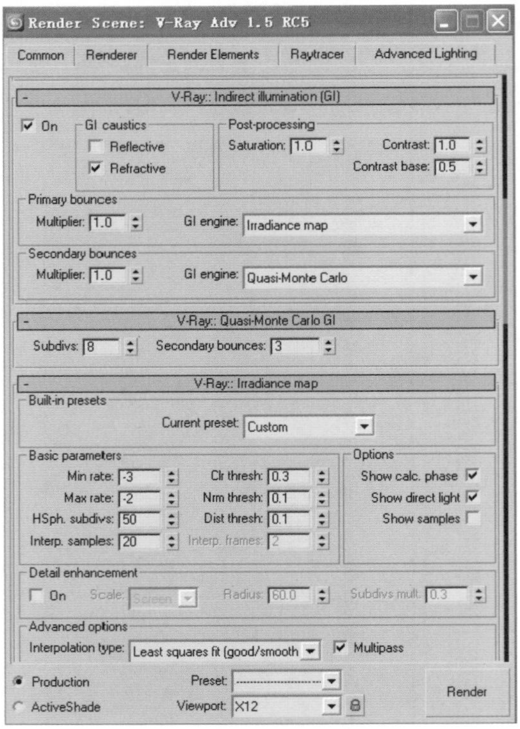

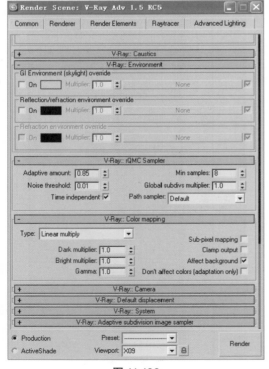

图 11-137

图 11-138

图 11-139

02 在渲染器里面打开 V-Ray∷Environment，并将环境光调为淡蓝色，设置强度值为 1.0，对其进行渲染。可以发现主体建筑的暗部和周边的建筑有光照的效果了，如图 11-140 所示。

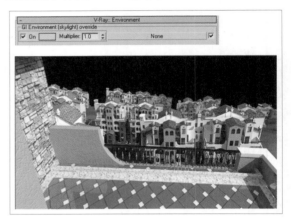

图 11-140

03 创建天空，进入顶视图，单击 Sphere 按钮，在场景的中心画一个大的球体，将其转换为 Poly 模式，在前视图选择底下一半的面删掉，将其底部对齐到地面，使用缩放按钮将其缩放成一个椭圆，随后进入修改器面板。选择球天，单击反键，并选中反转法线，再附上天空的自发光贴图，让其作为环境反射，如图 11-141 至图 11-143 所示。

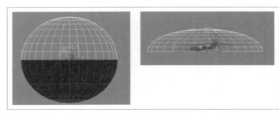

图 11-141

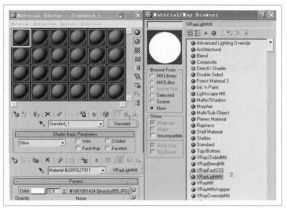

图 11-142

图 11-143

04 在侧视图里面画一个面片,在顶视图里面对其进行调节,让其正对着摄像机,并放在球天里面。在摄像机视图里面,播放动画需要看面片是否始终对着摄像机,若不对着摄像机,则需要对其进行调整,让它在摄像机运动保持一直都能看到完整的面片。再给上天空的自发光材质,附上 UVW Mapping,对天空贴图的调整,使其不变形。如图 11-144 所示。

图 11-144

11.4.4 主体建筑材质的调节

01 我们开始创建主体建筑模型的墙体材质。主体建筑的墙体材质由四种不同的材质组成,单击材质

按钮,打开材质编辑器,选择一个未编辑的材质球,命名为墙01,材质各项参数如图 11-145 和 11-146 所示。

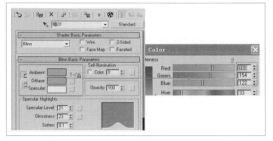

图 11-145

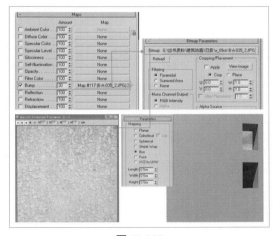

图 11-146

02 将墙 01 的材质调整完成过后,我们来调整"墙砖"的材质,材质各项参数如图 11-147 所示。

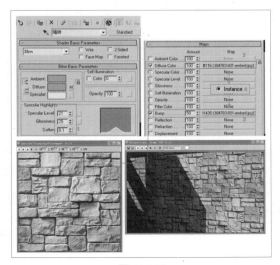

图 11-147

03 将墙砖的材质调整完成过后，我们来调整"地砖"的材质，其各项参数如图 11-148 所示。

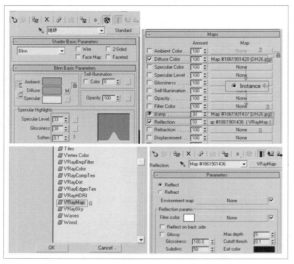

图 11-148

04 将地砖的材质调整完成过后，我们来调整"花池"的材质，其各项参数如图 11-149 所示。

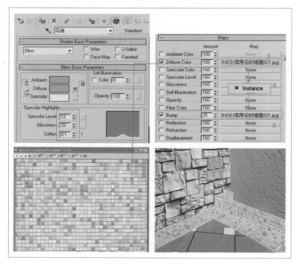

图 11-149

05 我们将建筑的墙体以及地板的材质给予完成后，再对栏杆给予材质选择一个新的材质球将其改为 VRay 材质球，并命名为"栏杆-yellow"，材质各项参数如图 11-150 和 11-151 所示。

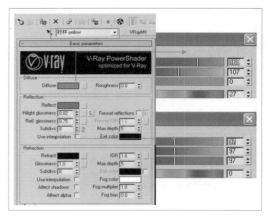

图 11-150

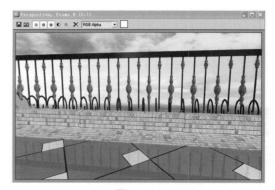

图 11-151

06 将名为"栏杆-yellow"的材质调整完成过后，我们来调整名为"屋顶"的材质，材质各项参数如图 11-152 所示。

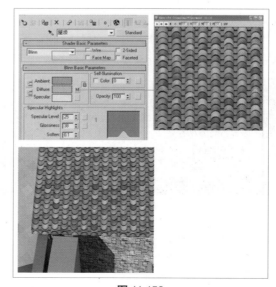

图 11-152

07 将屋顶的材质调整完成后，我们来调整 coodi 地面上草坪的材质，材质各项参数如图 11-153 和 11-154 所示。

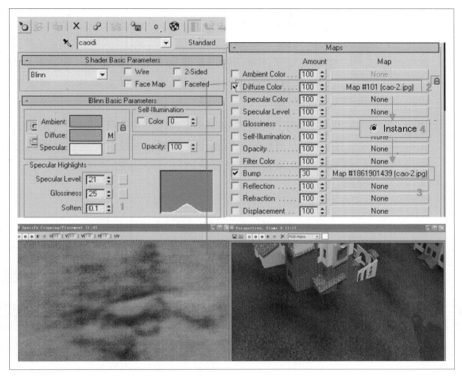

图 11-153

图 11-154

CHAPTER 12

建筑动画的渲染、输出和后期合成

在前面章节的学习中已经掌握分镜头的制作，现在开始学习渲染输出。合理的运用光子文件并掌握渲染必要的渲染参数，可以为我们带来事半功倍的效果！

后期合成工作是建筑动画影片制作中必不可少的一部分，它对整个影片的色调、节奏的把握都至关重要。本章针对建筑动画的分镜头校色进行讲解，常用的后期软件 Fusion、AFterEffects 等。

📍 知识点 ——————————

本章重点讲解建筑动画渲染、输出和后期合成工作。

12.1 光子文件的保存和调用

光盘文件：Chapter12\《山雨城》.zip

首先学习如何渲染光子，打开本书配套文件《山雨城》文件。通过前面的讲解我们已经完成场景制作最后渲染效果图，如图 12-1 所示。

图 12-1

打开 VRay 渲染器 Rendering-Render-VRay+ Global switches 勾选 "Don't render final image"，如图 12-2 所示。

图 12-2

然后进入 VRay 的 Irradiance map 卷展栏，选择动画光子方式保存（Mode-Multiframe incremental-Auto save 指定的保存路径）如图 12-3 所示。

图 12-3

再进入 Common Parameters 卷展栏，选中动画光子向 Time Output（多少帧测试一次光子）的 Active Time Segment，如图 12-4 所示。

图 12-4

这样光子测试就设置完成，注意不要勾选 Save File（保存）路径，如图 12-5 所示。

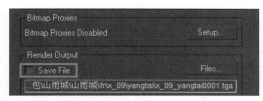

图 12-5

点击渲染，弹出对话框 Warning：No files saved 后点击"是"，如图 12-6 所示。

图 12-6

测试光子完成后我们调用该动画光子，进入 V-Ray Irradiance map（VRay 光子选择栏）后选择 Made 里面的 From file，如图 12-7 所示。

图 12-7

然后取消勾选 Globol switches 卷展栏中 Indirect illumination 的 Don´trender final image 复选框，如图 12-8 所示。

图 12-8

点击 Common 面板将 Evevy Nth Frame 数值改成 1。表示每帧都被渲染，这样就完成光子测试与调用的工作。

12.2 分层渲染的设置

动画渲染输出时我们要将其分层渲染，这样方便后期工作的进行，通常分层渲染分为：Sky（天空层）、Builed（建筑层）、tree（植物层）等。如果我们遇到特殊的情况再使用特定的分层方法。

打开本书配套光盘文件"山雨城"，前面我们完成了这个场景制作与光子测试和调用的工作，现在我们来对场景分层处理，选择天空部分点击右键，打开 V-Ray properties 对话框，勾选 Matte object 复选框，将 Alpha Comtribution 改为 -1.0，如图 12-9 所示。

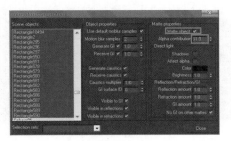

图 12-9

渲染后效果如图 12-10 所示。

图 12-10

这时的天空为通道的层，除建筑以外的所有物体转为通道，效果如图 12-11 所示。

图 12-11

　　将其他物体转化为通道，并且只渲染植物，如图 12-12 所示效果。选择前景物体，将剩下的物体全部隐藏，选择天空直接渲染，因为天空是最底层的部分，如图 12-13 所示。渲染输出设置保存为"TGA 格式"。

图 12-12

图 12-13

12.3　输出 TGA 序列文件

　　通过分层，我们将场景分层渲染，将输出的序列建立文件夹，并其标注名字，这样方便后期操作，如图 12-14 所示。

图 12-14

12.4　分镜的色彩校正

01 打开 Fusion 窗口后我们将渲染好的动画序列导入到 Fusion 中进行部分处理工作，如图 12-15 所示。

02 如图 12-16 所示，导入动画序列 File-Import-Footage。

图 12-15

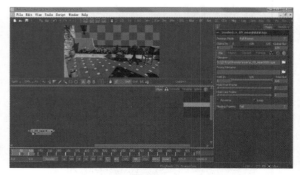

图 12-16

03 对整个场景进行调整。Fusion 的 Color Corre-ctor 的调色系统非常方便，Colors 是对画面色彩调整，将其分为 Master（整体）、Shadows（阴影）、Mid-tones（中间调）、Highlights（高光部分）、Levels（色阶），效果如图 12-17 所示。

图 12-17

04 而 Levels（色阶）同样分为四个部分，调整过后的画面效果图，如图 12-18 所示。

图 12-18

05 调整过后的画面效果图，如图 12-19 所示。

图 12-19

06 我们设置另存的路径，鼠标点击 Render 弹出 Kender Settings 对话框，输出动画序列，点击 Sater Rende 渲染输出，如图 12-20 所示。

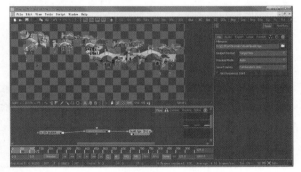

图 12-20

12.5 序列文件的导入

01 打开 After Effects 软件，我们将色彩处理的序列导入到该软件里面，双击 AE 项目，如图 12-21 所示。

图 12-21

02 弹出 Import File 对话框，勾选 Targa Sequence 复选框，效果如图 12-22 所示。

图 12-22

03 弹出 Interpret Footage：sky.tga 对话框，勾选 Premultiplied-Matted With Color 复选框，步骤提示如图 12-23 所示。

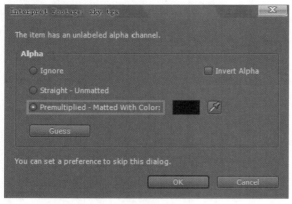

图 12-23

04 将分层渲染全部导入，步骤提示如图 12-24 所示。

图 12-24

12.6 分镜的输出

　　将分层序列导入 After Effects 合成校色完成后，进行分镜输出，注意检查合成设置 Composition Settings，特别注意 Frame Rate 参数值为 25，点击 OK 然后点击 Export，出现图像序列，弹出对话框，设置序列为 TGA 格式，每秒帧改为 25 帧 /s，再保存路径，然后渲染，这样分镜合成后输出完成，如图 12-25 所示为步骤提示，图 12-26 为效果图。

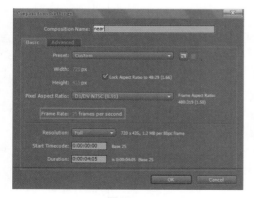

图 12-25

图 12-26

图书在版编目（CIP）数据

AutoCAD+3ds Max 工程制图、室内外表现及建筑动画完全教程 / 陈国俊主编 . － 北京：中国青年出版社，2012.9

中国高校"十二五"环境艺术精品课程规划教材

ISBN 978-7-5153-1022-0

I. ①A… II. ①陈 … III. ①工程制图－计算机制图－AutoCAD 软件－高等学校－教材②室内装饰设计－计算机辅助设计－AutoCAD 软件－高等学校－教材③工程制图－计算机制图－图形软件－高等学校－教材④室内装饰设计－计算机辅助设计－图形软件－高等学校－教材 IV. ①TB23-39②TU238-39

中国版本图书馆 CIP 数据核字（2012）第 200261 号

AutoCAD+3ds Max工程制图、室内外表现及建筑动画完全教程

陈国俊 / 主编　梁世伟 / 副主编　张裕钊 冯磊 / 参编

出版发行：	中国青年出版社
地　　址：	北京市东四十二条 21 号
邮政编码：	100708
电　　话：	（010）59521188 / 59521189
传　　真：	（010）59521111
企　　划：	北京中青雄狮数码传媒科技有限公司

策划编辑：	付　聪
责任编辑：	郭　光　张　军　马珊珊
封面设计：	六面体书籍设计　唐　棣　王玉平

印　　刷：	中煤涿州制图印刷厂北京分厂
开　　本：	787×1092　　1/16
印　　张：	13
版　　次：	2012 年 9 月北京第 1 版
印　　次：	**2014 年 10 月第 2 次印刷**
书　　号：	ISBN 978-7-5153-1022-0
定　　价：	48.00 元（附赠 1CD）